세상의 모든 법칙

세상의 작동 원리를
명쾌하게 설명해주는 가장 정확한 언어

세상의 모든 법칙

시라토리 케이 지음 | **김정환** 옮김

포레스트북스

법칙이나 공식, 정리라고 하면 무엇인지 제대로 알기도 전에 '왠지 어려울 것 같다'라는 생각부터 떠오른다. 물론 이해하기 어려운 법칙이나 정리가 존재하기는 하지만 사실 이러한 법칙들은 우리 주변에서 일어나는 다양한 사건과 현상 속에서 하나의 원리를 낭비나 모순 없이 꼭 필요한 엑기스만 추출해낸 것이다.

가령 하늘을 멍하니 올려다보면 그저 구름이 두둥실 떠 있는 모습만 보이지만 움직임이나 크기 및 형태의 변화, 높이 등을 자세히 관찰하면 구름 고유의 성질을 발견하게 되며, 이 성질에 몇 가지 법칙이 존재함을 알게 된다. 이를테면 바람의 방향과 구름의 관계라든지, 비와 구름의 관계 등에 대해서 말이다. 그리고 이를 바탕으로 일기예보를 할 수 있게 된다. 일기예보를 통해 우리의 생활이 매우 편리해지는 것은 두말할 필요 없이 당연하다.

이처럼 주변의 다양한 현상(자연 현상과 사회 현상을 모두 포함한)을 심플하게 정의내려서 실생활에 적용하거나 다른 분야에 응용해 새로운 지식을 얻을 수 있도록 돕는 것이 바로 법칙·공식·정리다. 이를 잘 알고 있으면 자연계 또는 사회에서 일어나는 일을 한눈에 이해할 수 있게 된다. 결국 법칙은 인간의 지혜를 높이는 도구인 셈이다.

이 책 『세상의 모든 법칙』에서는 자연 과학과 공학 등 물리 계열의 법칙을 중심으로 수학·화학·심리학·생리학 그리고 사회학과 경제학 등의 대표적인 법칙과 정리 105개를 엄선해 해설했다. 적어도 이 정도의 지식을 알고 있으면 세상을 이해하는 능력이 꽤 향상될 것이다. 더불어 책을 꼭 처음부터 순서대로 읽을 필요는 없다. 목차를 보고 궁금하거나 관심이 가는 내용부터 가볍게 읽어 보기 바란다.

시라토리 케이

차례

Part. 1

Part. 2

Part. 3

Part. 4

법칙·정리·공식은 왜 만들어졌을까?

법칙이란?

고대 이집트에서는 동쪽 지평선에서 별 시리우스가 태양보다 아주 약간 일찍 떠오르는 날을 기준으로 1년이 시작됐다. 이것을 '신출Heliacal rising'이라고 부르는데, 이 시기는 하지夏至 무렵이면서 이집트의 농지를 기름진 평야로 만들어 주는 나일강의 범람이 시작되는 때이기도 했다.

시리우스는 큰개자리의 알파성(가장 밝은 별)인 동시에 마이너스 1.5등성으로, 하늘 전체에서 가장 밝은 항성(천구에 붙박혀 있어서 별자리를 기준으로 거의 움직이지 않으며, 점 같이 보이는 천체)이다. 그런데 당시의 이집트 사람들은 시리우스가 동쪽 하늘에서 태양과 거의 비슷하게 떠오르는 시기를 어떻게 알았을까?

바로 별의 움직임을 자세히 관찰했기 때문이다. 밤하

늘에 보이는 별의 방위는 계절에 따라 달라지는데, 이를 자세히 관찰하면 변화 속에서 일정한 규칙을 발견할 수 있다. 이처럼 어떤 현상을 관찰함으로써 규칙성이 발견되고, 그 규칙성이 일반성을 지님이 증명됨에 따라 '법칙'이 만들어졌다.

천공에서 복잡한 움직임을 보이는 별을 행성이라고 한다. 행성은 항성처럼 늘 천공의 똑같은 장소에서 보이는 것이 아니라 항성 사이를 왔다 갔다 하는 것처럼 보이기 때문에 유성이라고도 불린다. 행성의 움직임은 언뜻 보기에는 불규칙하게 느껴지지만 이 움직임도 자세히 관찰한 결과 나름의 규칙성이 발견되었다. 행성이 태양의 주위를 돌고 있음을 알게 된 것이다. 그리고 지구도 행성이므로 지구 역시 다른 행성과 마찬가지로 태양의 주위를 돌고 있다고 생각하는 것이 앞뒤가 맞는다는 발상에서 '지동설'이 탄생했다.

법칙은 대상을 객관적으로 분석해 일정 조건에서 반드시 그렇게 되는 보편적인 관계성을 나타낸 것이다. 그런 까닭에 과학의 분야뿐만 아니라 사회학이나 경제학 등 문과 계열의 분야에서도 수많은 법칙이 만들어지고 있다.

정리 · 공리 · 역설 · 원리란?

정리란 수학적으로 참이라고 증명된 명제를 의미한다. 가령 피타고라스의 정리는 많은 사람이 증명한, 누구도 부정할 수 없는 보편적인 명제다.

정리와 유사한 것으로 공리가 있다. 공리는 증명이나 설명 없이 있는 그대로 자명한 명제를 의미한다. 가령 "평행한 두 선은 절대 만나지 않는다" 같은 것은 우리가 사는 이 세계에서 부정할 수 없는 사실이다. 정리는 이 공리를 전제로 만들어진다.

또 역설이 있다. 가령 올베르스의 역설(086쪽 참고)은 만약 우주 공간이 무한하다면 우주는 별들로 가득 차서 밝아야 하는데 정작 현실의 밤하늘은 어둡지 않느냐는 역설적인 명제다. 우주가 무한히 넓다는 가정 아래 논리적으로 추론하면 밤하늘은 밝아야 하는데 현실의 밤하늘은 어둡다. 즉, 추론과 현실 사이에 모순이 발생한다. 이와 같은 역설적인 명제를 역설paradox이라고 부른다. 'paradox'는 '반反하다'를 의미하는 그리스어인 'para'와 '통념'을 의미하는 그리스어인 'doxa'에서 유래했다.

더불어 이 책에서는 원리도 소개한다. 원리는 상대성 원리나 불확정성 원리 등 자연계의 근본적인 성질을 나타낸 것이다.

법칙과 정리를 아는 것은 과학의 역사를 아는 것

16세기에 들어서면서 과학 분야에서는 다양한 실험과 정밀한 관측이 본격적으로 시행되기 시작했고, 이를 통해 입수한 수량적인 데이터에서 귀납적으로 규칙성을 찾아내는 작업이 진행되었다. 실험 기술의 향상과 관측 기기의 발달에 힘입어 계속해서 새로운 법칙이 발견되었다.

16세기 중반, 이탈리아에서 태어난 갈릴레오 갈릴레이Galileo Galilei는 피사의 사탑 꼭대기에서 무게가 다른 두 공을 동시에 떨어뜨렸고, 그 결과 두 공은 동시에 바닥에 떨어졌다. 이 실험을 통해 갈릴레이는 물체가 자유 낙하할 경우 질량의 차이와 상관없이 일정한 속도로 떨어진다는 '자유 낙하의 법칙'을 발견했다(다만 갈릴레오가 피사의 사탑에서 실험했다는 것은 창작된 이야기라는 설이 유력하다 -옮긴이). 또한 갈릴레이는 당시 발명된 지 얼마 안 되었던 망원경을 직접 만들어 하늘을 관찰해 달의 크레이터(달의 표면에 있는 크고 작은 구멍)와 목성의 위성을 발견했다. 목성의 위성 중 특히 밝은 위성 4개는 지금도 갈릴레이 위성으로 불린다.

이처럼 갈릴레이는 실험과 관측을 통해 수많은 발견을 했는데, 이는 이전의 과학자들에게서는 거의 찾아볼 수 없던 모습이었다. 이것이 갈릴레이를 근대 과학의 아버지라고 부르는 이유다.

그 후 17세기부터 19세기에 걸쳐 과학이 더욱 크게 진보했는데, 이는 자연의 근원을 찾아내려 하는 탐구심뿐만 아니라 관측 및 실험 기술이 크게 발전한 것과도 관계가 있다. 특히 18세기 중반 영국에서 시작된 산업 혁명은 공학 분야까지 크게 발전시켰고, 나아가 새로운 실험 장치들이 만들어져 실험과 관측의 범위와 정확도도 높아졌다. 과학이 공학을 발전시키고, 고도화된 공학이 다시 과학을 발전시킨 것이다. 이처럼 과학과 공학은 상호 작용을 통해 기술을 발전시켰고, 그 흐름 속에서 수많은 법칙이 탄생했다. 그러므로 법칙을 안다는 것은 곧 과학의 역사를 아는 것이기도 하다.

Part. 1

001
사회

AIDMA의 법칙

AIDMA's proof

사람의 심리를 파악한 광고·마케팅의 법칙

인지 단계	A Attention주의
	I Interest흥미
감정 단계	D Desire욕구
	M Memory기억
행동 단계	A Action행동

정의	Attention주의, Interest흥미, Desire욕구, Memory기억, Action행동
발견자	새뮤얼 홀Samuel Roland Hall(1920년대 미국의 경제학자)

"새로운 카메라가 필요해", "자동차를 사고 싶어" 등 사람에게는 다양한 소비 욕구가 존재한다. 그런데 상품 중에는 무엇을 사든 큰 차이가 없어서 어떤 것을 구입해야 할지 고민이 되는 것도 있다. 사실 일용품은 대부분 그런 상품이 아닐까?

그럴 때 무엇을 선택할지는 그 상품이 눈에 들어왔느냐, 아니냐에 따라 결정된다. 또한 광고를 통해서 받은 인상도 의사 결정에 크게 영향을 끼치며, 주위 사람들의 입소문도 무시할 수 없는 부분이다.

이렇게 생각하면 무엇인가를 선택할 때 '자신의 의견'이라는 것은 어디에 있는 것인지, 어쩌면 아예 존재하지 않는 것이냐는 의문이 들지도 모른다. 만약 어떤 상품에 대한 광고도, 전시도, 입소문도 없을 경우, 상품의 정보가 뇌에 전혀 입력되지 않은 상황에서 우리는 어떤 선택을 하게 될까? 이는 거꾸로 말하면, 사람은 본래 무언가를 선택할 때 확고한 의사를 가지고 있지 않으므로 어떤 정보를 '입력'시키느냐에 따라 상품의 판매를 조종할 수 있다는 뜻이 되기도 한다.

1920년대에 미국 광고 업계에서는 광고를 본 소비자가 어떤 심리 과정을 거쳐서 상품을 구입하게 되는지를 설명하는 법칙을 발표했다. 이것이 바로 'AIDMA

의 법칙'이다. AIDMA는 'Attention', 'Interest', 'Desire', 'Memory', 'Action'의 머리글자를 차례로 딴 것이다. 광고를 통해서 상품을 인지하고, 흥미를 갖게 되며, 갖고 싶다고 생각하게 되고, 그 상품을 기억에 각인시킴으로써 구입으로 연결이 된다는 내용의 수법이다.

이는 최초의 주의, 즉 정보를 부여한다는 일종의 조작이 없으면 그 상품을 구입하겠다는 의사를 만들어낼 수 없다는 의미를 내포하고 있다. 따라서 광고를 통해서 상품의 정보를 효과적으로 제공하는 것은 아주 중요하며 AIDMA의 법칙은 지금도 광고 심리학의 기본으로 알려져 있다.

그 후 AIDA의 법칙(인간은 'Attention주의, Interest흥미, Desire욕망 Action행동' 순으로 행동하게 된다는 내용), AISAS의 법칙(인간은 인터넷을 이용해 'Attention주의, Interest흥미, Search검색, Action행동, Share정보 공유' 순으로 행동하게 된다는 내용), AIDCA의 법칙(인간은 'Attention주의, Interest흥미, Desire욕망, Convinction확신' 순으로 행동하게 된다는 내용) 등 유사한 마케팅 수법이 다수 등장했지만 이 중에서 가장 간결하고 적확하게 사람의 심리를 파악한 것은 AIDMA의 법칙이라고 할 수 있다.

002
논리

악마의 증명

Devil's proof

이 세상에 존재하지 않음을 증명하기는 불가능하다

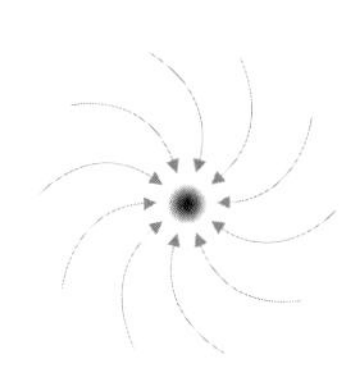

우주 전체

블랙홀이 존재하지 않음을
증명하기 위해서는
우주 전체를 탐색해야 한다

블랙홀이 존재함을
증명하기 위해서는
블랙홀을 하나 발견하면 되지만……

정의	존재하지 않음을 증명하는 것은 불가능하다.
발견자	불명

'우주에는 블랙홀이 있다'라는 가설을 증명하기 위해서는 블랙홀을 하나 찾아내면 된다. 그러나 '우주에 블랙홀은 존재하지 않는다'를 증명하기 위해서는 우주 전체를 샅샅이 뒤져서 어디에도 블랙홀이 없음을 확인해야 하는데 이것은 사실상 불가능한 일이다. 이와 같이 존재하지 않음에 대한 증명을 '악마의 증명'이라고 한다.

예를 들어 타인과 논쟁을 벌일 때 악마의 증명과 유사한 대화를 하면 상대방의 입을 바로 다물게 할 수 있다.

"너, 내 악담했지?"
"아니, 한 적 없는데?"
"그러면 안 했다는 증거를 대 봐."

이런 식으로 몰아붙이면 상대는 할 말이 없어진다. 다만 이는 공정한 토론 방법은 아니다. 주변에서도 반론이 불가능에 가까운 논리를 전개해 고객이 물건을 살 수밖에 없도록 몰아붙이는 악질적인 장사꾼을 종종 볼 수 있다. 이런 악질적인 장사꾼은 무시해버리면 그만인데, 문제는 과학의 세계에서도 악마의 증명을 이용한 주장이 나올 때가 있다는 것이다. 그것은 유사 과학이라고 불리는, 과학의 탈을 쓴 비과학적인 주장이다. 과학과 유사

과학은 명확히 구별할 필요가 있으며, 이 둘을 구별하기 위한 교육·훈련도 필요하다.

과학과 유사 과학의 경계선

과학과 유사 과학을 구별하는 방법 중 하나는 '반증反證'을 할 수 있는지 없는지를 확인해보는 것이다.

과학이라면 어떤 학설이 발표되었을 때, 다른 과학자가 똑같은 실험을 해서 같은 결과가 나오는지를 확인할 수 있다. 만약 같은 결과가 나오지 않는다면 그 설이 잘못되었다는 가설을 세우고 반증을 할 수 있다. 이렇듯 반증의 가능 유무가 과학과 유사 과학을 가르는 경계선이 된다. 반증 가능성이라는 개념을 만든 인물은 영국의 과학 철학자인 칼 포퍼(1902~1994)이다.

결국 악마의 증명이란 '이 세상에 존재하지 않음을 입증하기는 불가능하다'라는 것이다. 언어로 구축한 논리만을 듣고 있으면 모순이 없는 듯이 들릴 때가 종종 있다. 그러나 사실 언어 하나만으로는 정확한 소통을 할 수 없다. 이 점을 제대로 이해한다면 더는 유사 과학에 속는 일은 없을 것이다.

003
화학

아보가드로의 법칙

Avogadro's law

화학 변화의 주역은 원자가 아니라 분자다!

아보가드로의 설

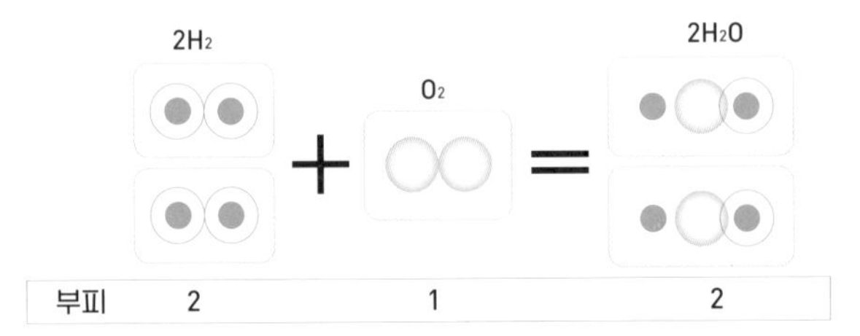

돌턴의 설

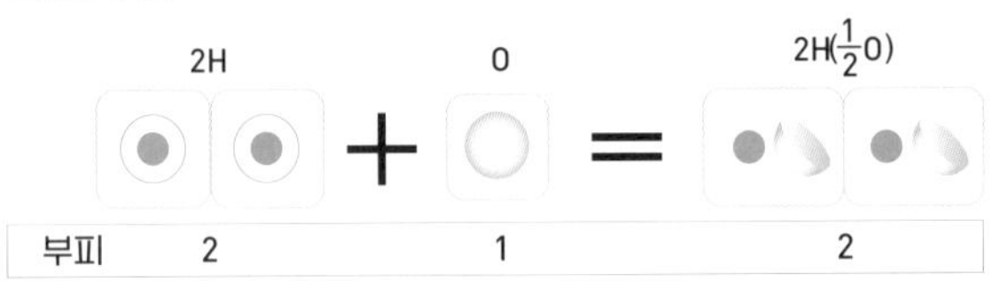

산소 원자가 둘로 쪼개진 상태로
존재하는 일은 있을 수 없다

정의	압력·온도·부피가 같다면 모든 종류의 기체에는 같은 수의 분자가 들어 있다.
발견자	아메데오 아보가드로Amedeo Carlo Avogadro(1776~1856, 이탈리아의 화학자·물리학자)

기원전 5세기, 그리스의 과학자인 데모크리토스는 물질의 최소 단위가 원자라고 생각했다. 그리스어로 원자를 'atomos'라고 하는데, 이는 '이 이상은 쪼갤 수 없다'라는 의미다. 그러나 데모크리토스가 제창한 원자는 어디까지나 철학적인 의미일 뿐, 실험을 통해 과학적으로 그 존재가 확인된 것은 아니었다.

1803년, 기체의 성질을 연구하던 영국의 과학자 존 돌턴John Dalton(1766~1844, 영국의 화학자·물리학자)은 물질의 기본 요소는 원자이며, 화학 반응은 원자와 관계가 있는 것이 아닐까 하고 생각하게 되었다. 이를 바탕으로 '돌턴의 원자설'이 생겨났다.

그리고 1806년, 비슷한 시기에 조제프 게이뤼삭이 '기체 반응의 법칙'을 발견했다. 이것은 두 종류의 기체를 반응시켜서 새로운 기체를 만들었을 때, 원래 있던 기체의 부피와 새로 생성된 기체의 부피는 온도와 압력이 같을 경우 '정수비(비율의 값이 정수로 나타나는 것)의 관계'에 있다는 것이다. 가령 수소와 산소에서 물이 만들어지는 화학 반응을 생각해보자. 이는 분자식으로 나타내면 다음과 같다.

$$2H_2+O_2=2H_2O$$

이 반응식은 수소 2부피와 산소 1부피가 반응해서 물 2부피가 만들어짐을 나타낸다. 이것을 '돌턴의 원자설'로 설명하려 하면 산소 원자를 둘로 분할해야 하는데, 당시는 원자가 최소 단위라고 생각했기 때문에 원자를 분할하는 것은 있을 수 없는 일이었다. 그래서 아보가드로는 화학 반응을 일으키는 물질은 원자가 아니라 원자 몇 개(정수 개)가 결합한 분자가 아닐까 생각했다. 이 생각을 발전시켜서 이끌어낸 것이 '압력과 온도, 부피가 같다면 모든 종류의 기체에는 같은 수의 분자가 들어 있다'라는 아보가드로의 법칙이다.

아보가드로의 법칙을 일상적인 감각으로 알기 쉽게 설명하자면 온도와 기압(압력)이 일정할 경우, 같은 부피의 용기 속에 수증기가 들어 있든 이산화탄소가 들어 있든 간에 내부에 있는 분자의 수는 결국 같다는 것이다. 분자의 수와 온도, 부피가 동일하다면 분자의 운동 에너지도 같으므로 압력(용기의 안쪽에 부딪히는 분자의 힘) 역시 같아진다고 생각하면 된다. 이렇게 아보가드로의 법칙은 분자라는 것이 실제로 존재한다는 증거가 되었다.

004
물리

아르키메데스의 원리

Archimedes' principle

알몸으로 발견한 부력의 원리

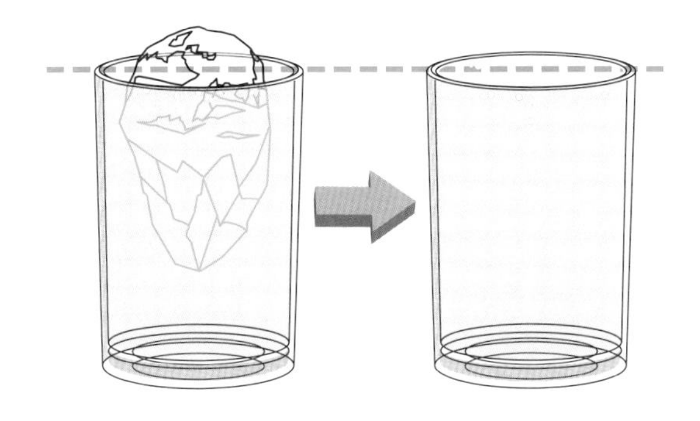

정의

물체가 유체 속에 있을 때, 물체가 밀어낸 유체의 무게와 같은 크기의 부력이 물체에 작용한다.

발견자

아르키메데스Archimedes(기원전 287~212, 고대 그리스의 과학자)

수식

$$F = -\rho V g$$

F : 부력(N)
ρ : 유체의 밀도(kg/㎥)
V : 물체의 수중 부분의 부피(㎥)
g : 중력 가속도(m/s^2)

"유레카! 유레카!" 목욕탕에서 알몸으로 뛰쳐나온 아르키메데스가 이렇게 외치면서 이탈리아 시라쿠사의 거리를 달려 자신의 집으로 돌아갔다는 이야기는 너무나도 유명하다. '유레카'는 그리스어로 '알아냈다'는 의미다.

아르키메데스는 기원전 3세기에 활약한 그리스의 과학자다. 어느 날 시라쿠사의 히에론 왕은 장인에게 금을 주고 왕관을 만들라고 지시했는데, 장인이 금의 일부를 빼돌리고 대신 은을 섞어서 왕관을 만들었다는 소문이 파다하게 퍼졌다. 이에 왕은 아르키메데스에게 왕관을 손상시키지 않은 채로 왕관이 순금으로 만들어졌는지 아니면 은이 섞여 있는지를 조사하라고 명령했다.

그는 어떻게 조사를 해야 할지 고민에 빠졌다. 아르키메데스는 어느 날 목욕탕에 가서 물이 가득 차 있는 욕조에 들어갔다가 물이 욕조에서 흘러넘치는 모습을 보게 됐다. 이때 머릿속에서 바로 그 '아르키메데스의 원리'가 번뜩였다. 그래서 너무나도 기쁜 나머지 "유레카!"라고 외치면서 알몸인 채로 목욕탕을 뛰쳐나간 것이다.

그 후 아르키메데스는 용기에 물을 가득 채운 다음, 그 안에 왕관과 무게가 같은 금덩이와 왕관을 각각 집어넣었다. 그러자 왕관을 넣었을 때 더 많은 물이 넘쳐흘렀다. 다시 말해 금덩이와 왕관은 각각 무게가 같음에도 불구하고 부피는 왕관이 더 컸던 것이다. 만약 왕관이 전부 금으로 만들어졌다면 같은 무게의 금덩이와 부피가 같아야 한다.

또한 아르키메데스는 욕조에 몸을 담갔을 때, 자신의 몸이 밀어낸 물의 무게와 같은 크기의 부력이 몸에 작용하고 있다는 사실도 깨달았다.

배가 물에 뜨는 것도 바로 이 원리를 바탕으로 한다

물을 담은 컵에 얼음을 넣으면 아르키메데스의 원리에 따른 부력으로 인해 얼음이 물에 동동 뜬다. 이때 얼음의 물속 부분이 밀어낸 물의 무게와 얼음 전체의 무게도 같아진다. 물이 얼음이 되면 부피가 8.8퍼센트 정도 증가하며 늘어난 부피만큼 물 위에 모습을 드러내는데, 이는 녹아서 물이 되면 다시 원래의 부피로 돌아간다. 그래서 가득 차서 마치 넘칠 것 같은 상태의 컵에 떠 있는 얼음이 녹더라도 컵에서 물이 넘쳐흐르는 일은 생기지 않는 것이다.

또한 배도 아르키메데스의 원리에 따른 부력으로 물에 뜬다. 배는 속이 비어 있어서 가벼운 까닭에 배가 밀어낸 물의 무게(부력)가 배 자체의 무게보다 더 무거워진다. 그래서 배가 물에 뜨는 것이다. 반대로 배의 내부가 전부 쇠로 채워져 있다면 배는 가라앉고 만다.

005
천문

안토니아디 척도
Antoniadi scale

별이 반짝거리는 정도의 지표

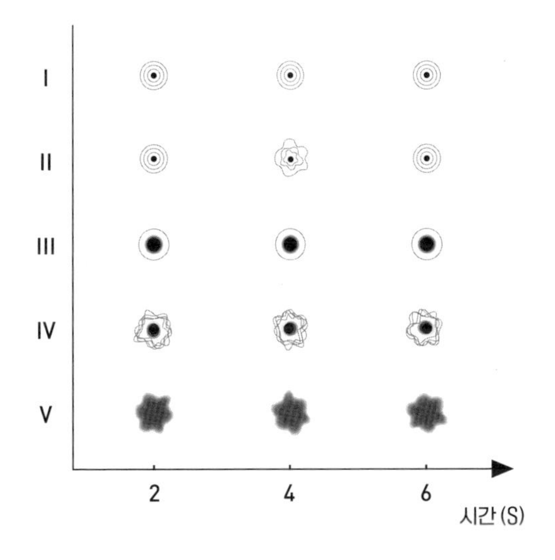

정의	시상(Seeing)은 5단계로 나눠서 표시한다.
발견자	유진 안토니아디Eugène Michel Antoniadi(1870~1944, 그리스의 천문학자)

밤하늘의 별은 반짝거린다. 사실은 반짝거리는 것처럼 보이는 것이다. 별은 육안으로 보면 참으로 예쁜데 망원경의 배율을 높여서 관찰하면 흔들리듯 움직이는 탓에 점으로밖에 보이지 않는다.

이와 같이 별이 흔들리는 것처럼 보이는 원인은 약 10킬로미터 상공에서 불고 있는 제트 기류 때문이다. 제트 기류는 겨울이 되면 일본 열도 위를 지나간다. 그래서 겨울에는 대기의 투명도가 높음에도 불구하고 제트 키류의 흔들림이 너무 큰 탓에 천체를 자세히 관찰할 수가 없다. 반대로 여름에는 제트 기류가 홋카이도 북부까지 북상하기 때문에 일본 열도 상공에서는 강풍이 불지 않는다. 따라서 여름에는 기류가 안정적이고 흔들림이 적으므로 망원경의 성능을 거의 한계까지 사용해 천체를 자세히 관찰할 수 있다. 다만 흔들림은 적어도 대기에 수증기가 많아서 투명도는 떨어진다.

이와 같이 대기의 상태는 천체 관측에 큰 영향을 끼친다. 대기의 흔들림 때문에 성상星象이 흔들리는 것을 두고 '반짝임Scintillation'이라고 표현한다. 또한 반짝임과 투명도를 합쳐서 성상이 깨끗하게 보이는 정도를 '시상'이라고 한다.

유진 안토니아디는 화성을 관찰한 것으로 유명한 그

리스의 천문학자다. 그는 화성을 관찰하며 얻은 경험을 바탕으로 하늘의 상태가 관찰에 얼마나 적합한지를 나타내는 척도를 만들었는데, 이것이 바로 '안토니아디 척도'다. 이 척도는 망원경으로 본 성상이 어떻게 보이느냐에 따라 다음의 5단계로 나뉜다.

I - 아주 작은 흔들림조차 없는 완벽한 성상.

II - 수 초 동안 평온한 상태가 계속되며 이따금 살짝 흔들린다.

III - 대기의 큰 흔들림이 있어서 성상이 번진다.

IV - 항상 성상이 흔들린다.

V - 성상이 매우 나쁘다. 행성을 스케치하기가 어렵다.

006
전기

앙페르의 법칙
Ampère's force law

전기의 신, 앙페르

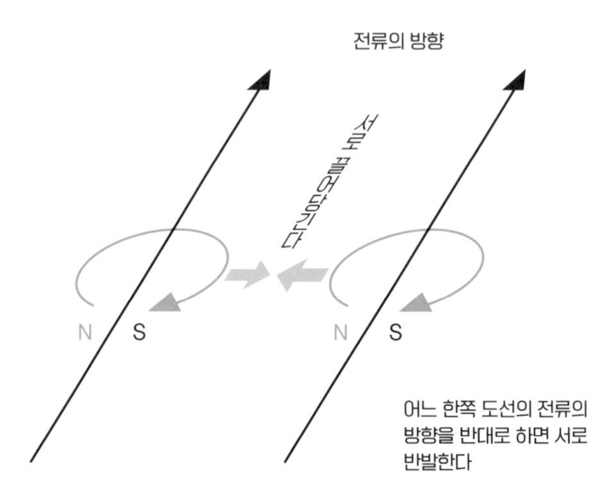

정의	전류 주위에 생기는 자기장의 크기는 전류의 크기에 비례한다.
발견자	앙드레 마리 앙페르André-Marie Ampère(1775~1836, 프랑스의 물리학자)
서식	$H = \frac{I}{2\pi r}$ H : 자기장(A/m) I : 전류(A) r : 반지름(m)

앙드레 마리 앙페르는 전자기학의 뉴턴으로 불리기도 할 만큼 전기와 자기磁氣에 관한 학문에 크게 공헌한 과학자다. 그는 1775년에 프랑스 남동부의 대도시 리옹에서 태어났는데, 어린 나이에 수학과 어학에서 두각을 나타내며 천재성을 드러냈다.

1820년, 덴마크의 한스 외르스테드는 도선에 전류를 흘려보내면 도선 근처에 놓인 나침반의 바늘이 움직인다는 사실을 발견했다. 또한 전류의 강도를 높이면 나침반이 더 크게 움직이며, 도선에서 나침반을 멀리 떨어뜨릴수록 나침반의 움직임이 줄어든다는 사실도 발견했다. 요컨대 전류의 변화가 자기의 변화를 일으킨다는 사실을 알아낸 것이다.

이 소식을 들은 앙페르는 즉시 실험을 시작했다. 도선 2개를 평행하게 놓고 양쪽 도선에 전류를 흘려보냈는데, 그러자 두 도선의 전류의 방향이 같을 때는 도선 사이에 서로 잡아당기는 힘이 작용했으며, 한쪽 도선의 전류의 방향이 반대일 때는 도선 사이에 서로 밀어내는 힘이 작용했다.

전류가 흐르는 도선의 주위에는 전류의 방향을 향해서 시계 방향으로 도는 자기장이 생긴다. 이것을 '오른나사의 법칙' 혹은 '오른손 법칙'이라고 한다(294쪽 참고). 두 도선에 같은 방향으로 전류가 흐르면 양쪽 모두 도선의 진행 방향 왼쪽에 N극, 오른쪽에 S극이 생기기 때문에 두 도선의 자기장은 N극과 S극이 만나게 되어 서로 잡아당긴다. 그러나 한쪽 전류의 방향이 반대가 되면 N극과 N극 또는 S극과 S극이 만나게 되기 때문에 서로 밀어낸다.

그는 이 실험을 수없이 반복한 끝에 '전류의 주위에 생기는 자기장의 크기는 전류의 크기에 비례한다'라는 앙페르의 법칙을 발견했다. 이는 전류가 흐르는 도선 사이에 작용하는 힘의 관계에 관한 법칙이다.

암페어라는 단위

전기의 기본적인 단위로는 전압의 단위인 볼트(V)와 전류의 단위인 암페어(A), 전기 저항의 단위인 옴(Ω), 전력의 단위인 와트(W)가 있는데, 이 가운데 암페어는 앙페르의 이름에서 유래한 것이다.

암페어는 국제단위계SI의 기본 단위 중 하나로, 1미터 간격으로 평행하게 놓은 두 도선 사이에 1미터당 1,000만분의 2뉴턴의 힘을 발생시키는 전류로 정의된다.

007
물리

EPR 역설

EPR paradox

양자 얽힘은 광속을 초월한다!?

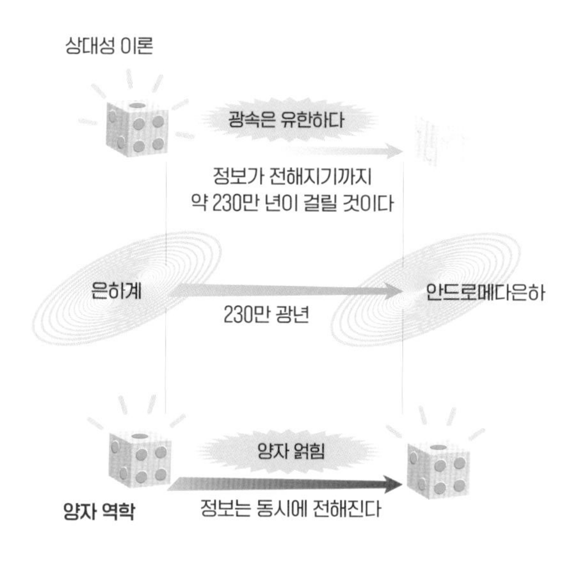

정의

양자 역학 특유의 양자 얽힘은 아무리 멀리 떨어져 있어도 동시에 일어나기 때문에 특수 상대성 이론(광속 불변의 원리)과 양립하지 않는다는 역설.

발견자

알베르트 아인슈타인Albert Einstein(1879~1955, 독일의 이론물리학자)
보리스 포돌스키Boris Podolsky(1896~1966, 러시아의 물리학자)
나단 로젠Nathan Rosen(1909~1995, 이스라엘의 물리학자)

이 우주에 광속(진공 속에서 빛이 나아가는 속도)보다 빠른 것은 존재하지 않는다. 이것은 아인슈타인이 특수 상대성 이론을 통해서 이끌어낸 결론이다.

아인슈타인이 특수 상대성 이론과 일반 상대성 이론을 발표해 물리학의 세계에 혁명을 일으킨 20세기 전반은 양자 역학이 탄생한 시기이기도 했다. 이는 미시의 세계에서는 전자 등 입자의 존재를 확률로만 나타낼 수 있다는, 그야말로 인간의 상식을 뒤엎는 이론이다. 아인슈타인 자신도 광전 효과를 연구하면서 빛은 양자라는 가설(광양자 가설)을 발표한 양자 역학의 개척자 중 한 명이지만 그는 입자의 위치와 운동을 확률로만 기술할 수 있는 양자 역학에 불만을 품었다. 확률로밖에 알 수 없는 이유는 배후에 아직 알려지지 않은 원리가 숨어 있기 때문이라는 것이 그의 주장이었다. 아인슈타인은 양자 역학을 제창한 닐스 보어와 이 문제로 논쟁을 벌였고 "신은 주사위 놀이를 하지 않는다"라며 양자 역학을 비판했다.

그리고 이 무렵(1935년)에 발표한 것이 'EPR 역설'이다. EPR은 아인슈타인과 물리학자 포돌스키, 로젠의 머리글자를 딴 것이다.

양자 얽힘이란?

동시에 탄생한 한 쌍의 양자(전자나 광자, 광자는 입자로서의 빛을 말한다)는 각각 스핀spin이라고 부르는 일정 성질을 지닌 각운동량(회전 운동하는 물체의 세기)을 가지고 있다. 동시에 탄생한 한 쌍의 양자 사이에서는 이 스핀이 서로 관계하고 있어서, 한쪽의 스핀이 자기장 등의 영향으로 변화하면 다른 쪽 양자의 스핀도 변화한다. 이는 두 양자가 아무리 멀리 떨어져 있더라도 동시에 일어난다. 이 현상을 '양자 얽힘'이라고 한다.

그런데 이 양자 얽힘이 가령 1억 광년 떨어진 양자 사이에서 발생한다고 가정하면 이것은 '동시에' 일어나므로 정보가 빛의 속도를 초월해서 전해지는 셈이 된다. 그러나 아인슈타인이 밝혔듯 우주에 존재하는 모든 것은 빛의 속도보다 빠를 수 없다. 위 가정에서는 정보가 광속을 초월해서 멀리 떨어진 곳에 전해지는 모순이 발생하기 때문에 이를 'EPR 역설'이라고 부른다. 그 실태는 아직 자세히 밝혀지지 않고 있다.

008
물리

일반 상대성 이론

General relativity

중력은 공간의 일그러짐이다

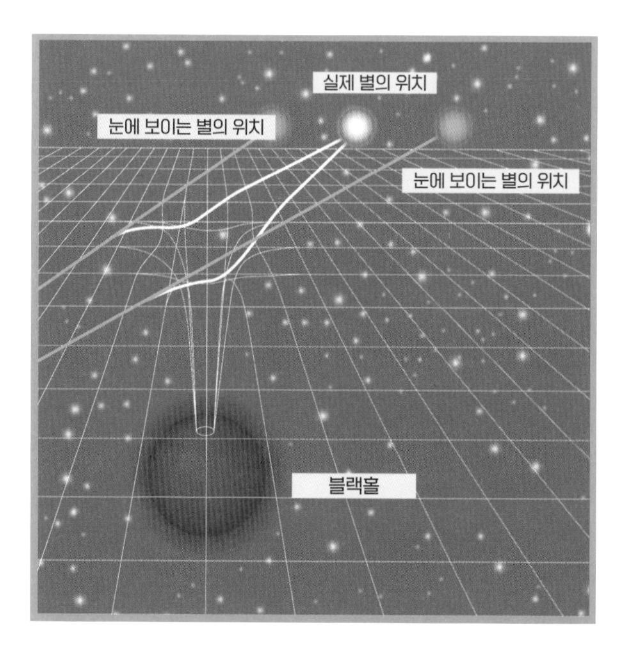

정의	가속도가 만들어내는 힘과 중력이 만들어내는 힘의 크기는 같으며(등가 원리), 질량이 공간에 일그러짐을 만들어낸다.
발견자	알베르트 아인슈타인

1905년에 특수 상대성 이론을 발표한 아인슈타인은 그로부터 10년 뒤인 1915년에 일반 상대성 이론을 발표했다. 먼저 등장한 특수 상대성 이론은 간단히 말해 상대성 원리와 광속 불변의 원리 두 가지를 다룬다. 특수 상대성 이론은 상대성 원리를 관성계(등속 직선 운동을 하고 있는 계)에 대해서만 적용하는데, 이것을 어떤 좌표계에서나 적용되도록 확장한 것이 바로 일반 상대성 이론이다.

일반 상대성 이론은 한마디로 말하면 중력의 이론이다. 무중력인 우주 공간에서 지구의 중력 가속도(9.8m/s²)와 같은 속도로 상승하는 엘리베이터를 타고 있다고 가정해보자. 이때 엘리베이터 안에 있는 사람은 지구에 있을 때와 똑같이 바닥을 밟고 서 있는 듯이 느낀다. 바깥이 보이지 않으므로 엘리베이터가 어떤 운동을 하고 있는지도 알지 못한다. 그래서 엘리베이터에 타고 있는 사람의 입장에서는 바닥을 향해서 작용하고 있는 힘이 중력에 의한 것인지, 아니면 가속도에 의한 것인지 판별할 수가 없다. 요컨대 중력이 만들어내는 힘과 가속도가 만들어내는 힘이 동등한 것으로 생각할 수 있는 것이다. 이것을 '등가 원리'라고 한다.

SF 영화 「2001 스페이스 오디세이」에는 커다란 수레바퀴처럼 생긴 회전하는 우주 기지가 등장한다. 이 우주 기지는 회전함으로써 원심력(중심에서 바깥쪽을 향하는 힘)을 만들어서 우주 기지의 내부에 유사 중력을 발생시킨다. 그래서 우주 기지의 바닥은 수레바퀴 내부의 바깥쪽에 있으며, 내부에 있는 사람은 머리가 수레바퀴의 중심을 향하는 상태로 걷게 된다. 우주 기지의 내부에서는 원심력이 만들어내는 힘과 중력이 등가 관계에 놓인 것이다. 뉴턴 역학에서 중력은 만물의 운동을 관장하는 절대적인 힘이었다. 그러나 일반 상대성 이론은 이 절대적 존재였던 중력조차도 상대적인 것임을 입증해 보여줬다.

중력이 빛을 구부린다

특수 상대성 이론의 광속 불변의 원리와 일반 상대성 이론의 등가 원리는 빛의 경로가 중력의 영향으로 휘어진다는 결론을 이끌어냈다. 아인슈타인의 이 주장은 일반 상대성 이론이 발표된 지 4년 뒤인 1919년 5월 29일에 개기 일식이 일어났을 때 영국의 천문학자인 아서 에딩턴의 관측을 통해 확인되었다.

에딩턴이 어두워진 태양의 주위에 보이는 별을 사진으로 촬영했고, 태양의 바로 옆을 스치듯이 지나서 오는 별의 빛은 중력의 영향으로 휘어지기 때문에 별이 실제

위치보다 아주 약간(1.75초각) 어긋난 위치에서 관측된다는 사실을 확인한 것이다. 이 관측을 통해 아인슈타인은 세계적으로 명성을 떨치게 되었다.

그 후, 고성능 망원경이 등장함에 따라 빛의 경로가 중력의 영향으로 휘어진다는 사실이 속속 확인되었다. 허블 우주 망원경은 복수의 은하의 모습이 중력의 영향으로 휘어져 링 모양으로 보이는 사진들을 촬영하기도 했다. 중력의 영향으로 은하의 모습이 왜곡되어 보인다고 해서 이것을 중력 렌즈 현상이라고 부른다. 이 중력 렌즈를 발견하면 눈에 보이지 않지만 거대한 질량을 가진 블랙홀을 찾아낼 수도 있을 것이다.

그렇다면 중력이란 대체 무엇일까? 아인슈타인은 중력이란 질량 때문에 휘어진 공간이 만들어내는 것이라고 설명했다. 가령 고무 시트 위에 공을 놓으면 시트가 아래로 움푹 들어가는데, 공간도 질량이 있는 지점에서는 고무 시트처럼 움푹 들어간다. 그리고 움푹 들어간 곳에 물체를 놓으면 낮은 곳으로 굴러 내려가게 되는데, 이것이 바로 중력이라는 것이다.

블랙홀을 예언하다

아인슈타인은 블랙홀의 존재도 이야기했다. 블랙홀은

거대한 중력 때문에 빛조차도 빠져나오지 못해 아무것도 보이지 않는 캄캄한 천체다. 아인슈타인은 일반 상대성 이론에서 빛의 경로는 중력의 영향으로 휘어진다고 말했는데, 이것은 앞에서 소개했듯이 에딩턴이 관측을 통해 태양 근처를 통과하는 별의 빛은 중력의 영향으로 휘어진다는 사실을 확인함으로써 증명되었다.

그런데 태양 정도의 질량은 빛을 약간 휘어지게 할 뿐이지만 천체의 질량이나 밀도가 매우 크다면 거대한 중력의 영향으로 주위의 공간(시간과 공간이 하나가 된 시공)이 크게 구부러진다. 빛은 페르마의 원리(1661년에 페르마가 발견)에 따라 최단 경로를 지나가려 하므로 구부러진 시공을 따라서 나아가게 된다. 그 결과 시공의 곡률이 커지면 빛의 경로도 크게 휘어지고, 이윽고 내부에서 나오는 빛이 외부로 나가지 못하게 된다.

사실 아인슈타인은 빛이 공간의 일그러짐 때문에 휘어진다는 것을 알아냈을 뿐, 블랙홀 자체를 발견하지는 못했다. 그러나 아인슈타인이 일반 상대성 이론을 발표한 지 얼마 안 되어 독일의 천문학자인 카를 슈바르츠실트가 일반 상대성 이론에서 '슈바르츠실트 해解'라는 특수한 해를 구해, 거대한 질량(태양의 30배 이상)을 가진 천체는 중력 붕괴를 일으켜 블랙홀이 될 가능성이 있음을 암시했다.

실제로 블랙홀이 발견된 것은 그로부터 한참 뒤로, 1971년에 백조자리에서 발견된 강력한 X선을 방사하는 천체 '백조자리 X-1'이 최초로 관측된 블랙홀로 추정된다. 그리고 지금은 블랙홀이 종종 발견되고 있으며, 우리 은하계의 중심에도 블랙홀이 존재한다고 한다.

현재의 우주론에 따르면 우주가 약 150억 년 전의 빅뱅 이후 지속적으로 팽창하고 있음은 분명하다. 그러나 아인슈타인이 일반 상대성 이론을 발표했을 당시는 우주가 변하지 않는 공간으로 여겨지던 시절이었다. 그런데 아인슈타인의 이론에서는 우주가 팽창하고 있거나 혹은 수축하고 있거나 둘 중 하나라는 결론이 나왔다. 아인슈타인은 이것이 이상하다고 생각해, 우주가 팽창도 수축도 하지 않는 정상 우주가 되도록 우주항이라는 새로운 항을 넣은 방정식을 제시했다.

그런데 1922년에 러시아의 물리학자인 알렉산드르 프리드만이 우주가 팽창할 가능성을 지적했고, 1929년에 에드윈 허블이 우주는 팽창하고 있다는 사실을 발견했다. 이를 두고 아인슈타인은 방정식에 우주항을 넣은 것을 "생애 최대의 실수였다"라고 말하며 후회했다고 한다.

상대성 이론의 효과를 보정해 쓰이는 GPS

GPS는 이제 스마트폰에도 내장되어서 모두가 활용하고 있는데, GPS 위성에 탑재되어 있는 원자시계(가장 정확한 시계, 원자 안에 있는 전자의 고유 상태 사이의 전이에서 발생하는 전자기파의 진동수를 세어 시간을 잰다)는 상대성 이론의 효과로 인해 100억분의 1초 정도 지연이 발생한다. 이래서는 정확한 위치를 측정할 수 없기 때문에 GPS는 이 오차를 보정해서 사용되고 있다.

009
사회

이노베이션의 딜레마

The Innovator's Dilemma

기술의 혁신이 역으로 기업을 망하게 할 때도 있다

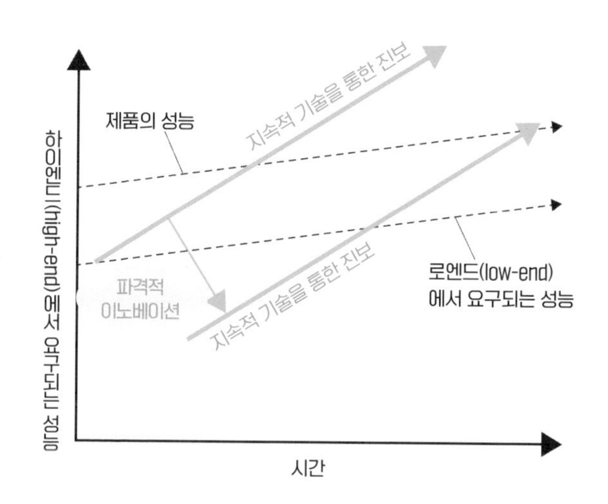

정의	기술의 혁신은 이어지는 혁신을 거부한다.
발견자	클레이텐 크리스텐슨Clayton M. Christensen(1952~, 하버드대학교 교수)

이노베이션이란 혁신 또는 쇄신이라는 뜻으로, 주로 기술 분야에서 사회 시스템·소비 행동·업계의 기존 질서에 획기적인 변혁을 가져오는 데 사용된다. 일본에서는 이노베이션을 기술 혁신이라는 의미로 사용하는 경우가 많지만 정확히는 기술뿐만 아니라 그 기술이 주변에 가져다주는 변혁 능력까지 포함한 개념을 이노베이션이라고 한다. 이를테면 반도체, 컴퓨터, 인터넷, 모바일 통신 같은 것이 최근 수십 년 사이에 일어난 이노베이션의 대표적인 예다. 좀 더 과거로 거슬러 올라가면 증기기관, 자동차, 비행기 등도 역사에 남을 이노베이션이다.

그렇다면 이노베이션의 딜레마란 무엇일까? 딜레마란 2개의 사항 사이에서 이러지도 저러지도 못하는 상태를 말한다. A를 선택하면 B가 안 좋아지고, 반대로 B를 선택하면 A가 성립하지 않게 되는 것으로 "연구와 취업 사이에서 딜레마에 빠졌다"와 같은 식으로 쓰인다.

이노베이션의 딜레마는 기업이 새로운 기술로 혁신적인 제품을 세상에 내놓아 성공을 거두게 되지만 문제는 이를 다음 세대의 제품으로 연결시키지 못해 다음 제품의 점유율을 다른 회사에 빼앗기는 상황 등을 의미한다. 이는 1997년에 하버드 비즈니스 스쿨의 클레이텐 크리스텐슨이 제창했는데, 그는 이노베이션의 딜레마가 발생하는 원인을 다음과 같이 설명했다.

1. 대기업은 기존의 기술을 발전시키는 형태로 혁신을 할 때가 많다. 벤처기업처럼 과거의 기술을 바탕으로 만든 제품을 무가치하게 만드는 파괴적인 이노베이션은 하지 않는다.
2. 기술 혁신으로 이노베이션에 성공한 기업은 더 큰 기술 혁신을 추구한다. 그러나 소비자는 그것에 흥미를 보이지 않는 경우가 많다. 즉, 수요로부터 멀어진 혁신이 일어나게 되는 것이다.
3. 대기업의 이노베이션 속도는 느리다. 그래서 신규 기업의 파괴적 이노베이션이 선행된 결과 대기업의 이노베이션 가치가 소멸한다.

사실 2000년 전후부터 지금까지 디지털 기기, 스마트폰 시장 등에서 경쟁에 패한 일본의 상황은 그야말로 이노베이션의 딜레마라고 할 수 있겠다.

010
심리

베버의 법칙 · 베버-페히너의 법칙

Weber's law(Weber-Fechner's law)

감각의 강도는 어떻게 달라지는가

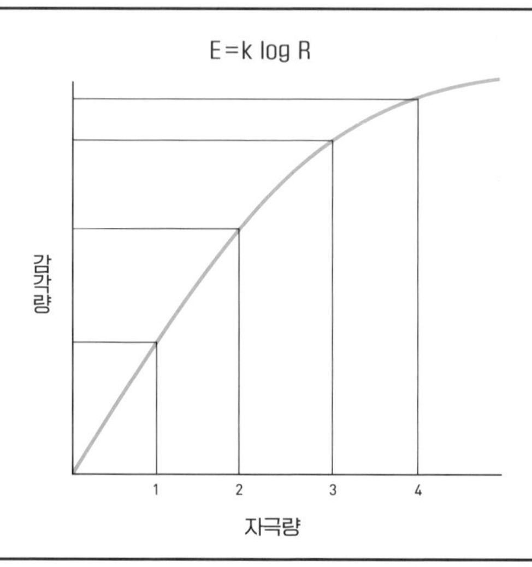

정의

[베버의 법칙] 무거워졌다고 식별할 수 있는 자극의 양은 증가한 양과 최초의 양의 비로 결정된다.

[베버-페히너의 법칙] 인체에 대한 자극은 강도의 로그에 비례해서 지각된다.

발견자

에른스트 베버Ernst Heinrich Weber(1795~1878, 독일의 생리학자 · 심리학자)
구스타프 페히너Gustav Theodor Fechner(1801~1887, 독일의 물리학자 · 철학자)

수식

$$\frac{\Delta R}{R} = k \text{(일정)}$$

$$E = k \log R$$

R : 최초에 주어진 자극량
ΔR : 느낄 수 있는 최소의 자극량
E = k log R　E : 감각량
R : 자극량　k : 상수

인간의 감각은 어떻게 해야 정량화할 수 있을까? 무거운 물건을 들었을 때와 가벼운 물건을 들었을 때, 두 물체의 무게가 확연히 다르다면 누구나 차이를 느낄 수 있다. 예를 들어 휴대폰과 노트북을 들어보면 누구나 노트북이 더 무겁다고 느낄 것이다. 그렇다면 휴대폰끼리는 어떨까? 휴대폰의 무게(질량)는 약 100그램에서 140그램 정도인데, 가령 98그램인 휴대폰과 100그램인 휴대폰을 들어봤을 때 98그램인 휴대폰이 더 가볍다고 느낄 수 있을까?

물체의 무게가 다를 때, 인간의 감각은 그 차이를 명확히 식별할 수 있을까? 독일의 생리학자이자 심리학자인 에른스트 베버는 이런 의문을 품고 인간의 감각에 대해 연구했다. 먼저 손가락 끝에 무게가 100그램인 물건을 올려놓고 1그램씩 무게를 늘리면서 몇 그램이 추가되었을 때 무거워졌다고 느끼는지 조사했다. 이때 4그램이 추가되었을 때 무거움을 느꼈다고 가정해보자. 그렇다면 200그램인 물건을 손가락 끝에 놓았을 경우는 어떻게 될까? 100그램의 경우와 똑같이 느낄까?

실험을 해보니 이번에는 4그램이 아니었다. 200그램의 물건을 올려놓았을 때는 8그램이 추가되었을 때 무겁다는 감각을 인지한다는 사실을 알 수 있었다. 즉, 무거워졌다고 식별할 수 있는 자극의 양은 추가한 양(4그램 또는 8그램)과 최초의 무게(100그램 또는 200그램)의 비(k)에 따라서 결정된다는 것이다. 이것이 베버의 법칙이며, 이 비를 베버 비라고 한다. 베버의 제자인 구스타프 페히너는 이 법칙을 바탕으로 '사람은 자극이 강해지면 점점 잘 느끼지 못하게 된다'라는 '페히너의 법칙'까지 만들어냈다. 이는 베버-페히너의 법칙으로도 불린다.

베버-페히너의 법칙은 무게의 감각뿐만 아니라 소리의 크기, 빛의 세기, 미각에도 적용된다. 커피에 설탕을 넣었을 때, 최초의 단맛보다 더 달아졌다고 느껴지는 시기가 설탕을 1그램 더 넣었을 때인지, 아니면 2그램 더 넣었을 때인지 시험해보면 재미있을 것이다. 밝기도 마찬가지다. 양초 1개에 불이 붙어 있을 때, 양초 1개를 더 추가하면 더 밝아졌다고 느끼게 된다. 그런데 초가 10개 있을 때 하나를 더 추가하게 되면 더 밝아졌다고 느끼게 될까? 참고로 베버 비는 감각의 종류에 따라 차이가 있어서, 무게는 1/53, 빛은 1/62, 소리는 1/11, 짠맛은 1/5의 비율로 나타난다고 한다.

011
물리

운동의 법칙(운동의 제2법칙)

Newton's second law : law of acceleration

스포츠카의 가속감

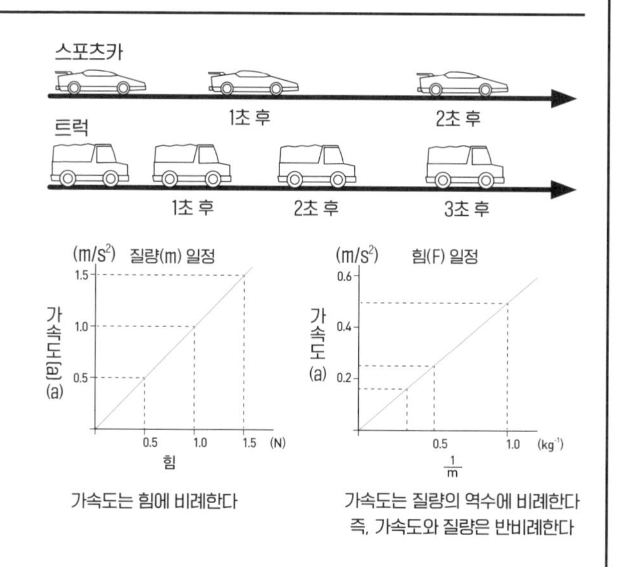

가속도는 힘에 비례한다

가속도는 질량의 역수에 비례한다
즉, 가속도와 질량은 반비례한다

정의

속도의 변화는 질량이 일정할 때 작용하는 힘의 크기에 비례하고, 작용하는 힘의 크기가 일정할 때는 물체의 질량에 반비례한다.

발견자

아이작 뉴턴Isaac Newton(1642~1727, 영국의 물리학자·천문학자·수학자)

수식

$$ma = F$$

a : 가속도(m/s^2)
m : 물체의 질량(kg)
F : 물체에 작용하는 힘(N)

정지해 있는 자동차의 가속 페달을 밟으면 점점 더 빨리 달리게 된다. 스포츠카의 경우는 5초도 안 되어서 약 시속 50킬로미터에 이른다. 그러나 시속 50킬로미터에 도달하기까지 평범한 승용차는 거의 10초가 걸릴지도 모르고, 대형 트럭은 아마도 10초 이상 걸릴 것이다. 왜 이런 차이가 생기는 것일까?

스포츠카의 엔진은 마력이 큰 까닭에 가속을 낼 때 더 빨리 큰 힘을 사용할 수 있다. 그러나 일반적인 승용차는 스포츠카처럼 마력이 큰 엔진을 탑재하고 있지 않고, 대형 트럭은 스포츠카보다 엔진의 마력은 클지도 모르지만 차체가 무거운 탓에 가속이 좋지 않은 편이다.

이런 사실을 통해 우리는 빨리 속력을 내기 위해서는 물체에 가하는 힘을 더 키우면 된다는 것 그리고 물체가 무거우면 가하는 힘의 크기가 같더라도 가속이 나쁘다는 사실을 알 수 있다. 이를 수식으로 나타내면 'ma=F', 즉 '질량×가속도=물체에 작용하는 힘'이 된다. 앞에 나온 그래프를 보면 보다 이해하기 쉬울 것이다.

가속도란?

가속도란 무엇일까? 속도가 점점 빨라지는 것을 가속이라고 표현하는데, 가속도는 정확히 단위 시간당 속도의 변화율을 말한다.

가속도의 단위는 'm/s^2'으로, 가령 $1m/s^2$이라면 1초당 속도가 1m/s씩 증가한다는 뜻이다. 지구의 중력 가속도는 $9.8m/s^2$이므로 공중에서 물체를 떨어뜨리면 1초 후에는 속도가 9.8m/s, 2초 후에는 19.6m/s가 된다.

중력 가속도를 가상적으로 재현하다

모의 비행을 할 수 있도록 만들어진 비행기의 지상 조종 훈련 장치인 플라이트 시뮬레이터는 물체가 운동할 때 중력의 작용으로 생기는 가속도인 중력 가속도를 재현한다. 디스플레이에는 수평 비행을 하는 화면을 표시한 채로 시뮬레이터 장치를 서서히 뒤로 기울이면, 중력에 따른 가속도가 아래쪽을 향해서 작용하고 있음에도 불구하고 등쪽에 힘이 가해지고 있는 듯 느껴진다.

012
물리

운동량 보존의 법칙

Conservation of momentum

동전 몇 개 속에도 과학이 숨겨져 있다

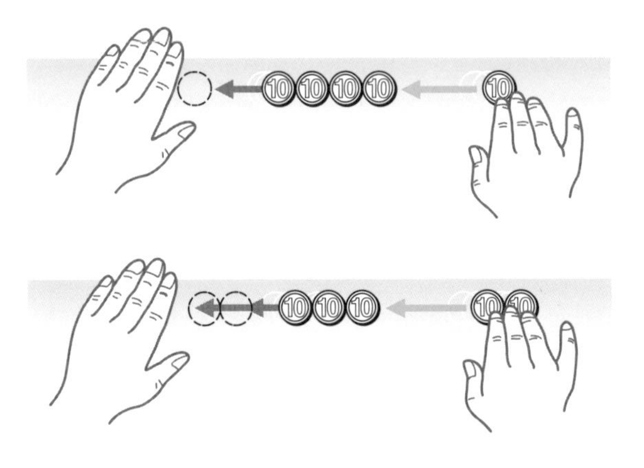

정의

두 물체가 각각의 사이에서만 서로 작용하고 외부에서 힘을 받지 않을 경우, 물체의 운동량의 합은 일정하다.

발견자

르네 데카르트René Descartes(1596~1650, 프랑스의 철학자 · 과학자)

수식

$$m_1 v_1 + m_2 v_2 = m_1 v'_1 + m_2 v'_2$$

질량이 m_1, m_2인 질점이 속도 v_1, v_2로 충돌해 속도 v'_1, v'_2가 되었을 경우

책상 위에 10원짜리 동전 5개를 일렬로 늘어놓아 보자. 그리고 우측 끝의 동전을 오른쪽으로 빼낸 뒤 손가락으로 튕겨 다른 동전에 부딪히게 하면 어떻게 될까? 실험을 해보면 금방 알 수 있는데 가장 왼쪽에 있는 동전 1개가 좌측으로 튕겨 나간다.

다음에는 동전 2개를 앞과 같은 방법으로 부딪혀보자. 그러면 이번에는 왼쪽의 동전 2개가 튕겨 나간다. 부딪힌 동전과 같은 수만큼 반대쪽에 있는 동전이 튕겨 나가는 것이다.

물체의 질량에 속도를 곱한 것을 운동량이라고 한다. 이 실험을 통해 우리는 물체 사이에 힘이 작용할 때, 힘이 작용하기 전과 후의 운동량은 서로 같음을 알 수 있다. 앞에 나온 수식은 두 물체가 충돌했을 때 충돌 전의 운동량과 충돌 후의 운동량이 서로 같음을 보여준다. m은 물체의 질량(kg)이고, v는 속도(m/s)다. m_1과 m_2는 물체1과 물체2의 질량을 나타내며, v_1과 v_2는 물체1과 물체2의 속도를 나타낸다. 또한 우변의 v'는 충돌 후의 속도를 뜻한다.

운동량 보존의 법칙은 10원 동전을 이용한 실험처럼 직선 위를 움직이는 경우뿐만 아니라 비스듬하게 충돌하는 경우에도 똑같이 적용된다.

완전 탄성 충돌이란?

완전 탄성 충돌은 충돌로 에너지를 잃지 않는 충돌을 의미한다. 10원짜리 동전을 이용한 실험에서 발생한 충돌이 완전 탄성 충돌이라고 가정했을 때 운동량 보존의 법칙이 성립한다. 탁구공이 단단한 벽에 부딪혀도 거의 같은 속도로 튕겨 나온다. 그러나 말랑말랑한 고무공이 벽에 부딪혔을 때는 튕겨 나오는 속도가 느려진다. 이것은 고무공이 벽에 부딪혔을 때 에너지를 잃었기 때문인데 이런 경우는 비탄성 충돌이라고 한다. 참고로 벽에 부딪혀도 튕겨 나오지 않는 충돌을 완전 비탄성 충돌이라고 한다. 이는 공이 가진 에너지가 벽에 부딪혔을 때 전부 방출되어 버린 것이다.

013
논리

에피메니데스의 역설

Epimenides paradox

말로는 완벽한 논리를 구축할 수 없다

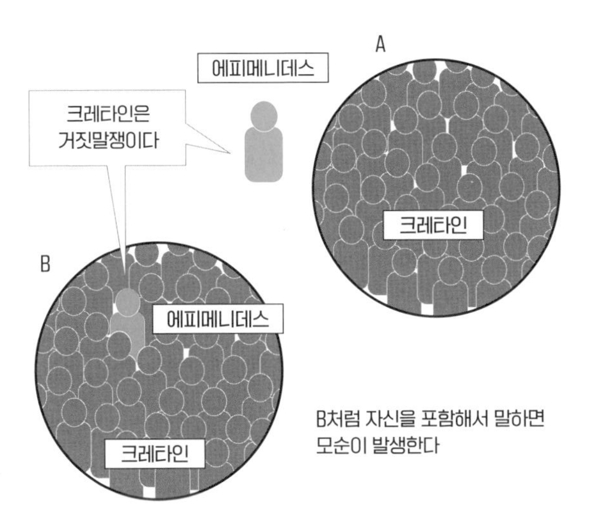

정의	크레타인은 거짓말쟁이라고 크레타인이 말했다.
발견자	에피메니데스Epimenides(기원전 500, 고대 그리스의 시인)

역설이란 사물에 대한 상식적인 이해에 반하는 형태로 진리나 사실을 나타내려 하는 언설로, 패러독스·배리背理·역리逆理 등으로 불리기도 한다. 듣기에는 논리적으로 올바른 듯이 생각되지만 실제로는 그렇지 않은 것이 역설이다.

에피메니데스의 역설은 대표적인 역설 중 하나다. "크레타인은 거짓말쟁이라고 크레타인이 말했다", 크레타인인 에피메니데스는 이런 역설을 제시했다. 이 경우 크레타인은 거짓말쟁이일까, 거짓말쟁이가 아닐까?

"크레타인은 거짓말쟁이다"라는 부분을 보면 크레타인은 거짓말쟁이라고 할 수 있다. 그런데 "~라고 크레타인이 말했다"라는 뒷부분을 보면 거짓말쟁이인 크레타인이 말한 것을 뜻하므로 '크레타인은 거짓말쟁이가 아니다'가 참이 되어버린다. 이렇듯 말 자체는 모순이 없는 것처럼 보이지만 이런 표현에서는 참인지 거짓인지 확실하게 알 수가 없다.

이와 같은 역설을 '자기 언급의 역설'이라고 한다. 자신을 포함해서 말하기 때문에 모순이 발생하는 것이다.

언론도 거짓말을 한다

텔레비전이나 신문은 여러 가지 정보를 발신한다. 요

즘은 듣기 힘들어졌지만 과거에는 "텔레비전 방송에서 그렇게 말했으니 틀림없어"라고 말하는 사람들이 종종 있었다. 물론 언론의 신뢰성이 높은 경우는 그렇게 생각해도 된다. 그러나 이제는 모두가 텔레비전 또는 신문 같은 언론이 '반드시' 옳은 내용만을 보도하지는 않는다는 사실을 잘 알고 있다.

한때 "우리는 말의 힘을 믿는다"라는 어느 신문사의 광고 카피가 있었다. 그러나 에피메니데스의 역설을 보면 알 수 있듯이 말로는 올바른 논리를 구축할 수 없다.

014
수학

에라토스테네스의 체

Sieve of Eratosthenes

소수를 찾아내는 가장 간단한 방법

1	2	3	4	5	6	7	8	9	10
11	12	13	14	15	16	17	18	19	20
21	22	23	24	25	26	27	28	29	30
31	32	33	34	35	36	37	38	39	40
41	42	43	44	45	46	47	48	49	50
51	52	53	54	55	56	57	58	59	60
61	62	63	64	65	66	67	68	69	70
71	72	73	74	75	76	77	78	79	80
81	82	83	84	85	86	87	88	89	90
91	92	93	94	95	96	97	98	99	100

2의 배수를 체로 친다
5의 배수를 체로 친다
3의 배수를 체로 친다
7의 배수를 체로 친다

정의

자연수를 작은 수부터 큰 수의 순서로 나열하고 소수의 배수를 순서대로 지워 나가면 결국 소수만이 남는다

발견자

에라토스테네스Eratosthenes(기원전 275~194, 고대 그리스의 수학자 · 지리학자)

소수素數란 1과 자신 이외의 수로는 나눌 수 없는 자연수(양의 정수)를 말한다. 소수는 1을 제외하고 2, 3, 5, 7, 11, 13, 17, 19, 23, 29, 31…… 등 무한히 계속된다.

소수의 존재는 먼 옛날부터 알려져 있었다. 고대 그리스 시대에는 수학자이자 지리학자인 에라토스테네스가 소수를 찾아내는 간단한 방법을 고안했다. 숫자를 체로 쳐서 걸러내듯이 지워 나가면 마지막에는 소수만이 남기 때문에 이를 '에라토스테네스의 체'라고 부른다. 참고로 에라토스테네스는 자오선의 길이를 측정한 지리학자로도 유명하다.

숫자를 체로 친다

2부터 100까지의 숫자를 에라토스테네스의 체로 쳐서 소수를 찾아보자. 먼저 2부터 100까지의 숫자를 순서대로 적는다. 처음에는 가장 작은 소수인 2를 체로 친다. 2의 배수(2×2, 2×3, ……)에 해당하는 수를 지워 나가는 것이다. 다음에는 두 번째 소수인 3을 체로 쳐서 3의 홀수배(3×3, 3×5, ……)에 해당하는 숫자를 지워 나간다. 그다음에는 세 번째 소수인 5를 체로 쳐서 5의 홀수배(5×5, 5×7, ……)에 해당하는 숫자를 지워 나간다. 또 그다음에는 네 번째 소수인 7을 체로 친다(7×7, 7×11, ……).

이런 식으로 순서대로 숫자를 체로 쳐서 걸러내면 마지막에는 소수만이 남는다.

소수와 암호

숫자는 무한하기 때문에 소수를 전부 다 찾아내기는 불가능하다. 2013년에는 GIMPSGreat Internet Mersenne Prime Search라는 분산 컴퓨팅을 활용한 소수 탐색 프로젝트가 시행됐고 이를 통해 1,700만 자리 이상의 소수를 찾아냈다.

또 거대한 합성수(1과 자신의 수 이외에도 약수를 가진 정수)를 소인수 분해 하려면 매우 긴 시간이 걸린다는 점을 이용해서 RSA 암호나 공개키 암호 등의 컴퓨터용 암호를 만들고 있다.

015
심리

장거리 연애의 법칙

LDR rule

먼 곳에 있는 애인과 파국을 맞이하기 쉬운 이유

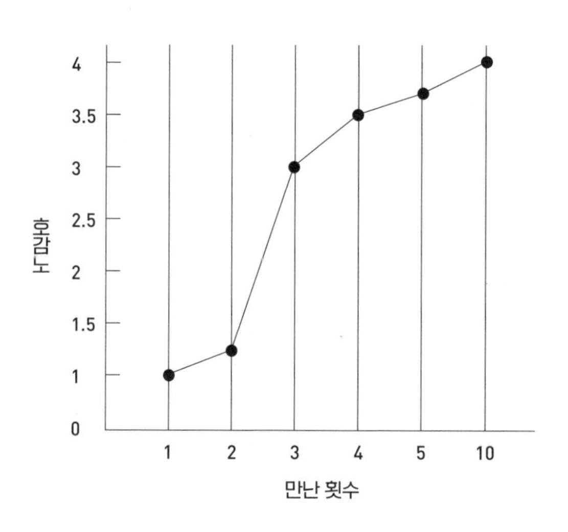

정의

남녀 사이의 물리적 거리가 가까울수록 심리적 거리도 가까워진다.

장거리 연애는 파국을 맞이하는 경우가 많다고 하는데 그 원인은 무엇일까? 다양한 이유를 떠올릴 수 있다. 상대와 여러 가지 정보를 공유하는 시간이 적어서일지도 모른다. 아주 사소한 사건이라도 휴대폰 메시지나 SNS를 통해 매일 연락하고 정보를 공유할 수는 있지만, 아예 함께 살거나 가까이 있어서 언제라도 만날 수 있는 상황만큼 교류를 할 수는 없다. 그래서 점차 관계가 소원해지곤 한다. 혹은 외로움 때문에 가까이 있는 다른 사람과 사귀게 되는 가능성도 아예 없지는 않다.

인간의 심리에 입각해서 말하자면 접촉률이 높을수록 심리적 거리는 줄어든다. 호감이 가는 상대가 있다면 뭐라도 좋으니 계기를 만들어서 그 사람에게 자주 모습을 보여주라는 말이 괜히 있는 것이 아니다. 하루에 3번이나 보게 된다면 기억에도 남을 뿐만 아니라, 어쩌면 '이 사람과는 뭔가 인연이 있는지도 몰라' 하고 생각하게 되기 쉽다. 별것 아닌 일일지도 모르지만 조금 부자연스러워도 그런 계기가 없으면 연애는 쉽게 시작되지 않는다.

이처럼 장거리 연애의 법칙은 "남녀 사이의 물리적 거리가 가까울수록 심리적 거리는 좁아진다"라는 사실을 우리에게 알려준다.

같은 동네 주민과 사귀게 될 확률이 높다

두 사람이 만나 결혼을 할 때 어떤 형태로든 근처에 사는 사람을 만나서 결혼하는 경우가 많다. 마찬가지로 접촉률이 더 높기 때문이다.

장거리 연애의 파국을 피하려면 서로 빈번하게 연락하고, 소통을 풍부하게 하며, 최대한 많은 정보를 공유해야 한다. 공유하는 정보가 많으면 많을수록 서로의 마음이 더 깊어진다. 또한 '상대가 다른 사람과 바람을 피우고 있는 것이 아닐까?' 하는 의심도 줄어들게 된다.

다행히 최근에는 여러 애플리케이션을 통해 영상 통화를 할 수 있는 기회가 늘어났으므로 장거래 연애가 파국을 맞이할 확률이 낮아지지 않았나 싶다.

016
물리

엔트로피 증가의 법칙

entropy

인생은 엔트로피로 설명할 수 있다?

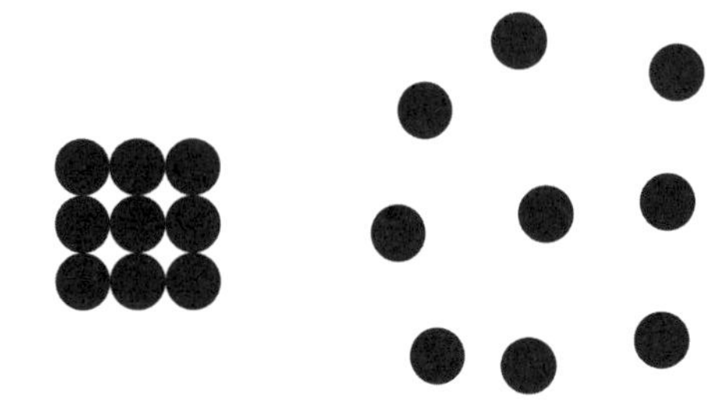

엔트로피 작음　　　　엔트로피 큼

정의	자연은 언제나 평형 상태를 바란다.
발견자	루돌프 클라우지우스Rudolf Julius Emanuel Clausius(1822~1888, 독일의 물리학자)
수식	$\Delta S = \Delta Q / T \geqq 0$　S : 엔트로피 Q : 열량 T : 온도

살면서 엔트로피라는 말을 한두 번은 들어본 적이 있을 것이다. 그러나 대부분은 그 의미를 제대로 이해하지 못한 채 한 귀로 듣고 다른 귀로 흘려보낸다. 만약 이 말이 귀에 남아 있다면 그것은 엔트로피가 적은 상태를 의미한다. 그러나 한 귀로 듣고 한 귀로 흘려보내는 것이 보통이기에 대개는 귀에도 머릿속에도 남아 있지 않게 된다. 이것이 곧 엔트로피 증가의 법칙을 보여주는 사례라 할 수 있다.

독일의 물리학자인 루돌프 클라우지우스가 1865년에 제창한 개념인 엔트로피는 열역학 연구에서 탄생했다. 예를 들면 컵에 담겨 있는 뜨거운 물의 온도가 서서히 내려가면 엔트로피가 증가하는 것이다. 그리고 엔트로피가 증가한 끝에 결국은 물의 온도가 실온과 같아져서 평형(안정된 상태가 되는 것)이 된다. 자연은 이와 같이 평형 상태를 추구한다.

엔트로피의 어원은 그리스어인 'trope(변화)'으로, 이 개념은 온도나 에너지 등의 물리학 분야뿐만 아니라 사회과학이나 정보 과학의 측면의 사고방식(사조)에도 큰 영향을 끼쳐 왔다. 앞에서 말했듯이, 어떤 말이 기억되어서 머릿속에 남았다면 엔트로피는 작아지며 이것은 곧 어느 한쪽으로 기울었다는 의미가 된다. 그런데 말을 한 귀로 듣고 한 귀로 흘려보내는 경우는 정보가 어디에도 모이지 않은 것이므로 엔트로피가 크다고 할 수 있다.

애초에 생물이 이 세계에 존재하는 것은 방대한 양의 다양한 원자를 부자연스럽게 집중시킨 뒤, 그곳에서 에너지를 흡수해 소비했기 때문이다. 그러나 죽으면 다시 원자로 돌아가버리며, 이때가 엔트로피 최대의 상태이자 궁극의 평형 상태가 된다. 좀 더 쉬운 예를 들면 방은 아무리 치우고 정리해도 시간이 지남에 따라 결국 다시 어질러진다. 이것도 엔트로피 증가의 법칙에 따른 결과라 할 수 있다.

나쓰메 소세키의 책 『풀베개』에는 "지혜로움만을 따지면 충돌을 피하기 어렵다. 정에 끌려 움직이면 발목을 잡힌다. 자신의 의지만 관철하면 갑갑해진다"라는 구절이 나온다. 이를 엔트로피 식으로 해석하면, 자연의 섭리인 엔트로피 증가의 법칙을 거스르며 살려고 하면 어떤 식으로든 괴로워진다는 의미가 아닐까.

017
심리

엠메르트의 법칙

Emmert's law

잔상과 착각에 관한 법칙

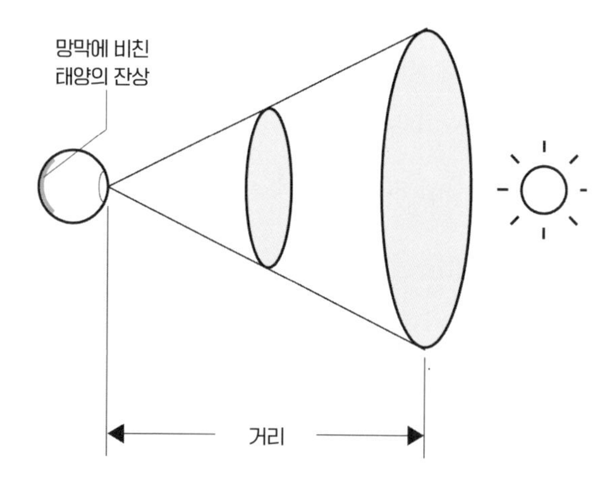

정의	잔상의 크기는 물체가 눈에 투영되기까지의 거리에 비례한다.
발견자	에밀 엠메르트 Emil Emmert(1844~1911)
수식	$S=D\times tan\theta$ S : 지각하는 잔상의 크기 D : 눈으로부터 투영면까지의 거리 θ : 망막에 비친 잔상의 크기를 각도로 나타낸 것

태양을 바라보다 '으악, 눈부셔!'라고 느끼며 눈을 감았는데 앞이 보이지 않는 암흑 속에서도 둥근 태양의 잔상이 보였던 경험은 누구나 해봤을 것이다. 이때 눈의 망막에 비치는 태양의 상의 크기(물리적 크기)는 일정하다. 지구에서 태양까지의 거리는 항상 똑같기 때문이다. 엠메르트의 법칙에 의하면 잔상의 크기는 인간이 지각하는 물체가 눈에 투영되기까지의 거리에 비례한다. 실제로는 아주 약간 차이가 있긴 하지만 육안으로 지각할 수 있을 정도는 아니다.

잔상이라는 것은 눈을 감아도 보이는 일종의 유령과 같다. 눈을 감아도 망막에 있는 시세포가 아직 신호를 뇌에 보내고 있는 것인지, 아니면 뇌 쪽에서 신호가 끊긴 뒤에도 이미지를 남기고 있는 것인지는 정확히 알 수 없다. 어쨌든 잔상은 실제 물체와는 다른, 뇌가 본 '불완전한' 정보의 유령인 셈이다. 그래서 다른 실제 정보와 조합되면 착각을 일으킨다.

엠메르트의 법칙을 체험할 수 있는 간단한 실험이 있다. 지면에 비친 자신의 그림자를 눈에 각인시킨 다음, 하늘을 올려다보고 난 뒤 다시 바닥을 보면 그림자가 이전보다 더 크게 보인다. 이것은 망막에 남은 잔상을 지면보다 훨씬 먼 곳에 있는 하늘에 투영해서 봤기 때문에 그림자가 크게 느껴지는 것이다.

방 안에서 할 수 있는 실험도 있다. 흰 종이에 빨간색과 같은 밝은 색으로 동그라미를 그린 뒤 그것을 뚫어지게 응시한 다음 눈을 감는다. 그리고 눈 속에 잔상이 남아 있는 상태에서 이번에는 아무것도 없는 흰 종이를 바라보며 얼굴을 앞뒤로 움직여 종이와 눈의 거리에 변화를 주면, 종이가 멀리 떨어져 있을 때 잔상이 더 크게 보이는 것을 알 수 있다.

색에 관한 잔상 착각인 맥컬로 효과

잔상이 만들어내는 착각의 또 다른 예로 '맥컬로 효과'라는 것이 있다. 이것은 색채의 방위 잔상에 관한 효과로, 빨간색 세로 줄무늬와 녹색 가로 줄무늬를 한동안 응시한 다음 흑백으로 된 가로·세로 줄무늬를 보면 가로 줄무늬는 빨간빛을 띠는 듯하고, 세로 줄무늬는 초록빛을 띠는 듯이 보인다는 것이다. 이러한 법칙을 살펴보면 아무래도 인간이 하는 착각의 주요 원인은 뇌에 있는 것 같다는 생각이 든다.

018
수학

오일러의 다면체 정리

Euler's formula

반드시 값이 2가 나오는 다면체의 불가사의한 법칙

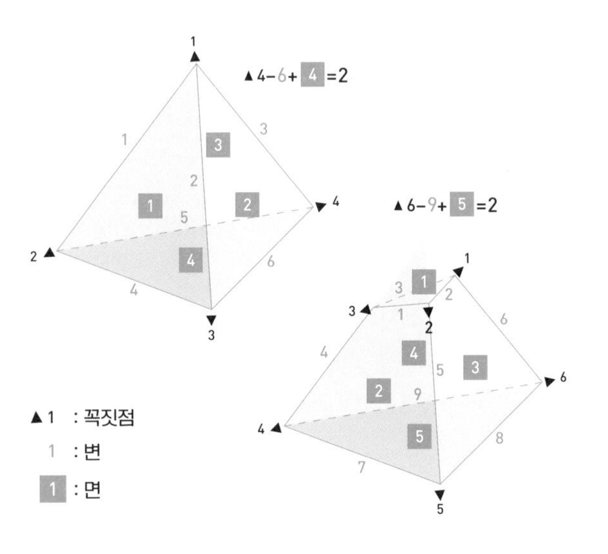

정의	다면체는 '꼭짓점의 수-변의 수+면의 수=2'라는 식이 항상 성립한다.
발견자	레온하르트 오일러Leonhard Euler(1707~1783, 스위스의 수학자)
수식	$V-E+S=2$ V : 꼭짓점의 수 E : 변의 수 S : 면의 수

4개 이상의 면으로 둘러싸인 입체 도형을 다면체라고 하는데, 이 다면체에는 공통된 법칙이 있다. 그것은 꼭짓점의 수에서 변의 수를 뺀 다음 면의 수를 더하면 값이 반드시 '2'가 나온다는 것이다.

가장 단순한 다면체인 정삼각뿔을 생각해보면 꼭짓점의 수는 '4', 변의 수는 '6', 면의 수는 '4'이므로 '4-6+4=2'가 된다. 다음에는 정삼각뿔의 꼭대기 부분을 비스듬하게 잘라내보자. 이 다면체는 꼭짓점의 수가 '6', 변의 수가 '9', 면의 수가 '5'이므로 '6-9+5=2'로 역시 2가 나온다.

다면체에는 전부 이 법칙이 적용되는데 이는 레온하르트 오일러가 1752년에 발견했다. 정다면체는 정사면체, 정육면체, 정팔면체, 정십이면체, 정이십면체로 총 5개밖에 없다. 정다면체가 이렇게 5개밖에 없다는 것은 오일러의 다면체 정리로 알 수 있다.

수학의 천재 오일러

오일러는 스위스의 바젤에서 태어난 수학의 천재다. 다면체 정리 외에도 미적분·기하학·역학 등 폭넓은 분야에서 수많은 업적을 남겼다. 그의 이름이 붙은 법칙이나 정리로 오일러 상수, 오일러 함수, 오일러의 운동 방정식 등이 있다.

1760년, 오일러는 뉴턴의 운동 방정식을 확장하는 데 성공했다. 뉴턴 역학은 크기가 있는 물체의 경우도 그 무게 중심에 해당하는 질점(물체의 크기를 무시하고 질량이 모여 있다고 보는 점. 이 점으로 물체의 위치나 운동을 표시할 수 있다)이라는 한 점을 다루는 역학이다. 그래서 지구와 달 또는 인공위성처럼 각각 모양이나 크기가 다르더라도 질점을 가지고 계산하면 운동의 관계를 기술할 수 있다.

그러나 다양한 모양의 물체가 회전 등의 운동을 하고 있는 경우에는 질점만으로 계산할 수 없다. 가령 지구는 타원체이면서 자전과 세차 운동(팽이처럼 회전축 자체가 도는 운동 -옮긴이)을 한다. 오일러는 이런 경우의 운동을 기술하기 위해 지구를 형태가 고정되어 변하지 않는 물체인 강체로 파악하고, 무게 중심의 움직임(이것은 질점의 운동과 같다)과 무게 중심 주변의 회전 운동으로 분리해서 생각했다. 이때 강체의 회전을 나타내는 방정식을 오일러의 운동 방정식이라고 부른다.

019
수학

황금비
the Golden Ratio

밀로의 비너스상의 아름다움 속에 숨겨진 비밀

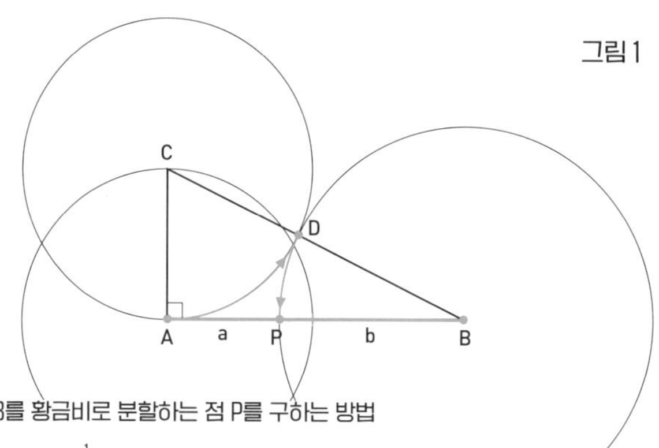

선분 AB를 황금비로 분할하는 점 P를 구하는 방법

1. A에서 길이가 $\frac{1}{2}$ AB인 수선 AC를 긋는다
2. CB 위에 CD=CA가 되도록 점 D를 찍는다
3. AB 위에 BD=BP가 되도록 점 P를 찍는다
4. $a : b = 1 : \frac{1+\sqrt{5}}{2}$

정의	한 선분을 둘로 분할할 때, '전체(a+b) : 큰 부분(b)'의 비와 '큰 부분(b) : 작은 부분(a)'의 비가 같아지도록 나누는 방법.
발견자	불명
수식	$1 : \frac{1+\sqrt{5}}{2} \fallingdotseq 1 : 1.618$

인간이 가장 아름답다고 느끼는 균형의 비율, 바로 황금비다. 오래 전 고대 그리스 시대에도 이미 알고 있었는지 밀로의 비너스상의 배꼽을 기준으로 한 위아래의 길이 비율이나 파르테논 신전의 가로세로 비율도 황금비를 이룬다. 황금비는 비율로 보면 그 자체로 일목요연하다. 비율은 1대 1.618인데, 이것은 피보나치 수의 인접한 두 항의 비(274쪽 참고)와 가깝다.

황금비의 정의는 한 선분을 둘로 분할할 때, '전체(a+b) 대 큰 부분(b)'의 비와 '큰 부분(b) 대 작은 부분(a)'의 비가 같아지도록 나누는 것이다(그림1 참고). 즉, a가 1이라고 하면 2차 방정식의 근을 구하는 근의 공식에 따라 b는 1.618…이 된다.

이러한 황금비는 분수에 분수를 조합한 기묘한 수식으로 나타낼 수도 있다. 이러한 분수를 연분수라고 하는데(그림2), 이 분수의 마지막에 '…'이 있는 것은 무한히 계속되어 계산이 끝나지 않기 때문이다.

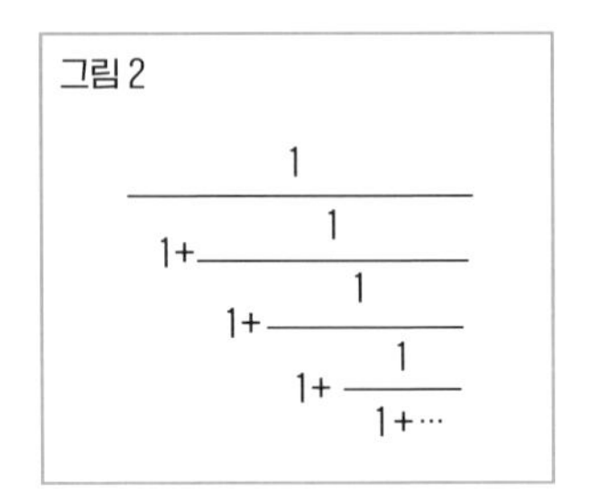
그림 2

$$\cfrac{1}{1+\cfrac{1}{1+\cfrac{1}{1+\cfrac{1}{1+\cdots}}}}$$

이 비율은 일상에서도 쉽게 찾아볼 수 있다. 명함의 가로세로 비율이나 35밀리미터 필름의 가로세로 비율을 비롯해 가구나 공업 제품 등 수많은 디자인에 황금비가 활용되고 있다. 이 비율이 아름답다고 생각되는 이유는 안정감이나 차분함 등이 느껴지기 때문이다. 소라 껍데기의 나선 모양이나 식물의 잎이 배열되는 방식 등 자연의 조형도 황금비를 이루고 있다는 사실과 관계가 있을지 모른다.

동양의 미학, 금강비

황금비와 비슷한 것으로 '금강비(백은비)'가 있다. $1:\sqrt{2} \fallingdotseq 1:1.414$의 비율로, 이는 동양의 전통적인 디자인에서 주로 발견된다. 가령 일본의 호류지 절은 금강비를 바탕으로 지어져 있다. 이 절의 5층탑을 위에서 내려다보면 짧은 변과 긴 변이 금강비를 이룬다는 것을 알 수 있다.

020
전기

옴의 법칙

Ohm's law

진류·진압·전기 저힝의 아름다운 삼각관계

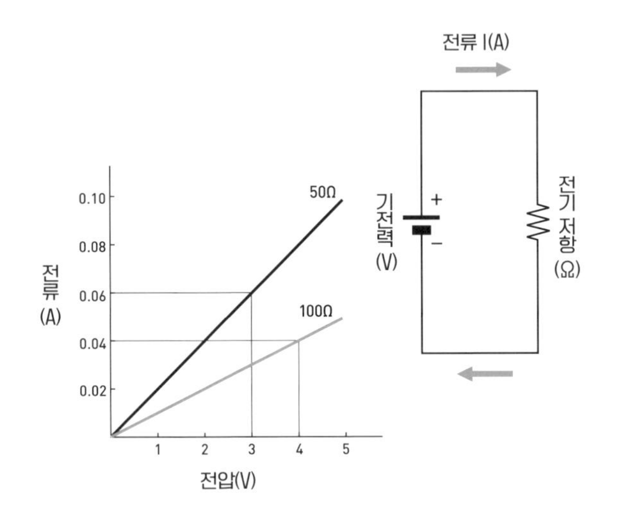

정의	전류의 세기는 전압에 비례하며, 전기 저항에 반비례한다.
발견자	게오르크 옴Georg Simon Ohm(1789~1854, 독일의 물리학자)
수식	$V = IR \quad I = \frac{V}{R}$ V : 전압 R : 전기 저항 I : 전류

남녀 사이의 삼각관계는 때때로 비극적인 결말을 초래하나 전기(전류·전압·전기 저항)의 삼각관계는 균형이 잡혀 있다. 때때로 니크롬선이나 백열전구를 뜨겁게 만들기도 하지만 언제나 상부상조하는 관계를 유지한다.

전기란 대체 무엇일까? 우리는 일상생활 속에서 “전기 요금이 너무 비싸”라든가 “전기 좀 켜 줘”라는 말을 종종 사용한다. “전기 좀 켜 줘”라는 표현은 본래의 전기를 뜻하는 것이 아니라 형광등이나 백열등 같은 전등을 켠다는 의미로 사용되는데, 대체로 다들 뭉뚱그려서 ‘전기’라고 말한다.

그렇다면 정말로 전기란 무엇일까? 바로 전자의 흐름이다. 전자는 원자핵의 주위에 있는 마이너스의 전하를 띤 입자로, 이 전자 중에는 원자핵에서 떨어져 자유롭게 움직일 수 있는 자유 전자라는 것이 있다. 자유 전자가 이동함으로써 전류가 흐르는데, 철이나 구리 등의 금속에는 자유 전자가 많이 있기에 전류가 잘 흐른다. 그리고 전기가 잘 통하는 물체를 도체라고 한다. 반대로 원자핵에서 전자를 떼어내 자유 전자로 만들기 위해 커다란 에너지가 필요한 플라스틱이나 유리는 전기가 통하지 않는 절연체다.

전류는 전자가 음극에서 양극을 향해 흐름으로써 발

생한다. 단, 전류가 흐르는 방향은 전자의 움직임과 반대로 양극에서 음극을 향한다.

전기의 삼각관계?

전자의 흐름, 즉 전류가 발생하려면 두 극 사이에 전위차가 필요하다. 전위차란 한쪽 극에 마이너스의 전자가 많은 상태를 가리킨다. 이 두 전극의 전위차가 바로 전압이다. 또한 전류가 흐를 때 그것을 방해하는 작용을 하는 것이 전기 저항이다.

전류·전압·전기 저항의 사이에는 '전류의 세기는 전압에 비례하며, 전기 저항에 반비례한다'라는 관계가 있다. 이것이 1826년에 옴이 발견한 법칙이다.

계산해보자

3볼트의 전류에 2옴의 저항을 접속한 회로를 만들었다. 이때 저항에 흐르는 전류는 몇 암페어일까?

$I=V/R$에서 $3/2=1.5$이므로, 답은 1.5암페어다.

021
논리

오컴의 면도날

Ockham's razor

논리에서 불필요한 부분을 깎아내라

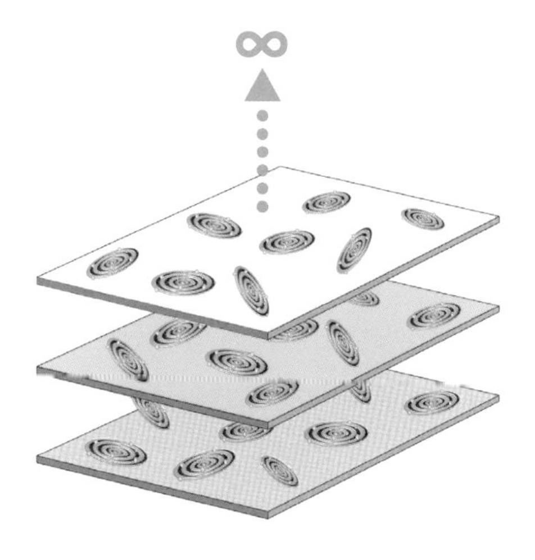

'여러 개의 우주가 존재한다'라는
다중 우주론은 오컴의 면도날에 위배되는가?

정의	존재는 필요 이상으로 수를 늘려서는 안 된다.
발견자	오컴의 윌리엄William of Ockham(1285~1349, 영국의 신학자 · 논리학자)

오컴의 윌리엄은 13세기부터 14세기에 걸쳐 활약한 영국의 신학자다. 당시의 유럽은 신학적·철학적·사상적으로 스콜라 철학(신학 중심의 철학)이 지배적이었다.

윌리엄도 스콜라 철학자였지만 그는 스콜라 철학에서 말하는 신의 보편성은 부정적으로 생각했으며, 진정으로 실존하는 것은 각각의 물질뿐이라는 '유명론唯名論'을 주장했다. 물질을 중심으로 생각하는 그의 사상은 근대 이후 등장하는 유물론에 가까운 발상이었다. 윌리엄이 주장한 사상은 대상을 객관적으로 관찰하거나 논리적으로 고찰할 때 비로소 진실을 발견할 수 있다는 근대 과학적 사고의 시초라고도 할 수 있다.

그렇다면 오컴의 면도날이란 무엇일까? "존재는 필요 이상으로 수를 늘려서는 안 된다"라는 그가 내린 정의는 "근본이 되는 원리는 꼭 필요한 것만 있어야 한다"라든가 "가설은 가장 단순한 것이 옳다" 하는 식으로 해석되고 있다. 이는 사고나 논리에서 불필요한 요소를 면도칼로 깎아내듯이 다듬어 나간다고 해서 '오컴의 면도날'이라고 불린다.

우주가 몇 개씩 있으면 곤란하다?

현대의 우주론은 우주가 빅뱅으로부터 탄생했다고 가

정한다. 그런데 우리가 사는 우주 이외에도 빅뱅에서 탄생한 또 다른 우주가 존재한다는 다중 우주론이 있다. 이는 여러 개의 우주가 동시에 존재한다는 발상이다.

그러나 우주가 여러 개씩 있다는 다중 우주론은 오컴의 면도날에 위배되는 사상이다. 정의에서 설명하듯이 '존재는 필요 이상으로 수를 늘려서는 안 되기' 때문이다. 다만 현재의 최신 우주론에 오컴의 면도날을 무조건 적용하는 것은 옳지 않다. 그의 주장이 언제나 정답인 것은 아니기 때문이다.

그래도 우리가 살고 있는 이 세계를 제대로 이해하고, 머릿속에서 이미지를 형성하여 그 구조를 알기 위해서는 오컴의 면도날과 같은 발상이 필요할 때가 있다.

022
천문

올베르스의 역설

Olbers' paradox

우주는 무한한가, 유한한가?

지구에서 본 은하의 후퇴 속도가
광속을 넘어버리면
그 너머는 볼 수 없다!
즉, 우주는 유한하다

정의	우주가 무한하다면 하늘은 별로 가득할 터이므로 밤하늘은 밝아야 한다.
발견자	하인리히 W. M. 올베르스Heinrich Wilhelm Matthäus Olbers(1758~1840, 독일의 의사 · 천문학자)

하인리히 W. M. 올베르스는 독일 브레멘의 개업의였는데, 천문을 좋아해 혜성의 궤도를 계산하고 새로운 소행성을 발견하는 등 천문학자로도 활동했다. 그런 올베르스는 1823년에 만약 우주가 무한하다면 하늘은 별로 가득할 터이므로 밤하늘은 밝아야 한다는 설을 발표했다. 그러나 실제 밤하늘은 어둡기 때문에 이 설을 '올베르스의 역설'이라고 부른다.

지금도 우주는 팽창하는 중이며 먼 천체일수록 후퇴 속도가 빨라진다고 알려져 있다. 후퇴 속도가 광속을 넘어서면 천체의 빛은 지구까지 도달하지 않게 되므로, 당연히 지구에서는 전혀 보이지 않게 된다. 우리가 볼 수 있는 우주는 천체의 후퇴 속도가 광속을 넘어서기 직전의 거리까지라 할 수 있다. 그런 의미로 보면 우주는 유한하고, 따라서 우주는 무한하다는 가정에 입각한 올베르스의 주장은 성립하지 않는다.

그러나 올베르스의 역설은 우주가 유한한가, 아니면 무한한가라는 근대적 우주론의 시작을 나타냄으로써 중요한 의미를 갖는다.

우주는 유한하다?

우주 최초의 빛은 약 460억 광년 정도 떨어진 곳에 있다. 그러나 은하의 후퇴 속도가 광속을 넘어설 정도라면, 그 은하에서 나온 빛은 지구에 도달하지 못한다. 지구에서는 보이지 않아도 우주는 빅뱅 이후 점점 팽창하고 있다. 그래서 우주가 만들어졌을 때 생긴 137억 년 전의 은하는 지금 이 순간 우리의 은하계로부터 약 460억 광년 떨어진 곳에 있는 것이다.

최신 연구 역시도 우리가 관측할 수 있는 우주는 유한한 것이라고 한다. 그러므로 올베르스의 생각처럼 밤하늘이 휘황찬란하게 빛나는 일은 없다. 혹은 무한하다 해도, 먼 곳에 있을수록 별의 밝기는 어두워지기 때문에 밤하늘이 밝아지는 일은 생기지 않을 것이다.

023
물리

음속의 공식
Speed of sound

소리의 속도는 온도에 따라 달라진다

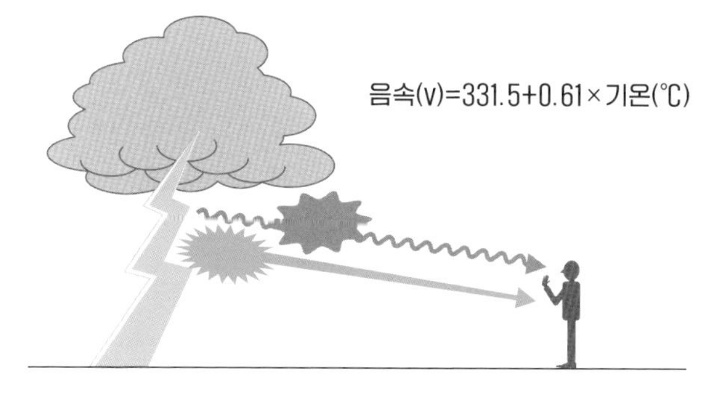

정의

1기압, 기온 t(℃)인 건조한 공기 속의 음속(m/s)은 v=331.5+0.61t다.

수식

$$v = 331.5 + 0.61t$$

v : 공기 속의 음속(m/s)
t : 기온(℃)

소리의 속도가 빛의 속도만큼 빠르지 않다는 사실은 먼 옛날부터 잘 알려져 있었다. 가령 번개가 친 뒤에 천둥소리가 들리기까지는 수 초에서 수십 초의 시간이 걸린다. 또한 산을 향해서 "야호!" 하고 외치면 그 목소리가 반사되어서 다시 돌아오기까지 조금 시간이 걸린다는 사실을 통해서도 소리의 속도가 그다지 빠르지 않다는 것을 알 수 있다.

세계에서 최초로 과학적인 방법을 사용해 음속을 측정한 곳은 프랑스의 왕립 과학 아카데미로, 두 지점의 거리를 미리 측정한 다음, 한쪽 지점에서 총을 발포하고 다른 쪽 지점에서 총을 발포했을 때 나온 연기가 보인 뒤 소리가 들리기까지의 시간을 잼으로써 음속을 구했다고 한다. 이때 측정된 음속은 356m/s였는데, 나름 정확한 음속(1기압, 15℃일 때 약 340m/s)에 상당히 가까운 값을 구했다고 할 수 있다.

번개까지의 거리를 계산해보자

번개가 보인 뒤에 천둥소리가 들리기까지의 시간을 초시계로 재고 그 시간을 음속(m/s)으로 곱하면 번개까지의 거리를 계산할 수 있다. 다만 음속은 수식에서도 알 수 있듯이 기온이 높으면 빨라지고 기온이 낮으면 느

려진다. 그러므로 그때의 기온에 맞는 음속으로 계산해야 정확한 거리를 구할 수 있다.●

음속을 넘어서면 어떻게 될까?

음속보다 빠른 것으로 초음속 비행기가 있다. 초음속 여객기인 콩코드는 음속의 2배나 되는 속도로 비행할 수 있었고(2003년에 퇴역했다), 또한 로켓이나 미사일도 음속보다 빠른 속도로 비행했다.

음속은 액체나 고체 속에서는 공기 속에서보다 훨씬 빨라진다. 물속(증류수)의 음속은 약 1,500m/s인데 철 속에서는 무려 5,950m/s에 이른다고 한다.

● 기온이 섭씨 35도일 때의 음속은 331.5+0.61×35=352m/s이며, 기온이 섭씨 0도일 때의 음속은 331.5m/s다. 가령 번개가 보인 뒤 소리가 들리기까지 10초가 걸렸다면 여름에는 3,520미터, 겨울에는 3,315미터 떨어진 곳에서 번개가 쳤다는 계산이 나온다

024
물리

각운동량 보존의 법칙

Law of conservation of angular momentum

피겨스케이팅 회전의 비밀

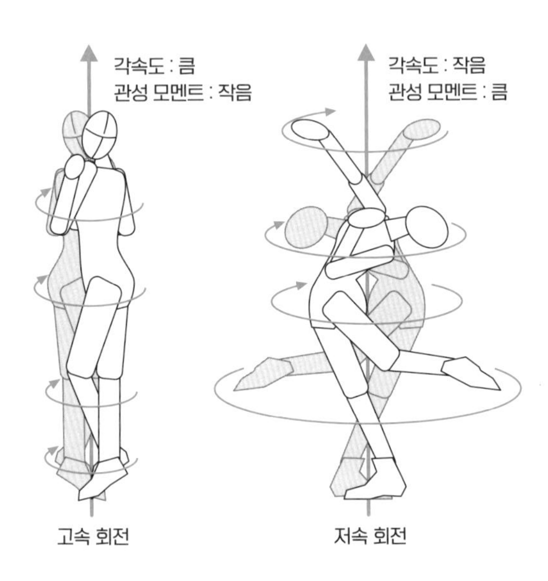

정의 어떤 점의 주위를 회전하고 있는 물체는 중심점으로 향하는 힘 이외에 외력이 가해지지 않을 경우 각운동량이 일정하게 유지된다.

수식 $L = I\omega$ (일정)

L : 각운동량
I : 관성 모멘트
ω : 각속도

얼음 위에서 두 팔을 벌리고 유연하게 미끄러져 나가는가 싶다가 다시 양팔을 오므려 빠르게 빙글빙글 회전하고, 그런 다음 팔을 천천히 벌려서 회전을 멈춘 뒤 얼음 위를 미끄러져 나아가는 아름다운 운동, 피겨스케이팅. 이 경기는 스포츠뿐만 아니라 발레 같은 예술의 관점에서도 즐길 수 있다.

그러나 피겨스케이팅을 즐기는 방법은 그 밖에도 또 있다. 회전의 메커니즘을 살펴보는 것이다. 경기를 잘 지켜보면 두 팔을 벌려서 회전할 때는 속도가 느리고, 두 팔을 오므려서 회전할 때는 속도가 빠르다는 사실을 알게 된다. 어째서일까? 직선 운동을 하고 있는 물체가 운동량을 가지듯이, 중심축의 주위를 회전하고 있는 물체에도 운동량이 발생한다. 이것을 각운동량이라고 한다. 각운동량은 각속도(회전 운동을 하는 물체가 단위 시간에 움직이는 각도)와 물체의 관성 모멘트를 곱한 값으로 표현된다. 관성 모멘트는 회전 운동에 대한 관성의 크기를 나타내는 것으로, 이 값이 클수록 회전 운동에 변화가 잘 일어나지 않게 된다.

피겨스케이팅을 할 때 두 팔을 벌리면 회전 반지름이 길어져서 관성 모멘트가 커진다. 반대로 두 팔을 오므리면 회전 반지름이 짧아져서 관성 모멘트가 작아진다. 각

운동량은 직선 운동을 하고 있는 경우와 마찬가지로 보존되므로 '각운동량=각속도×관성 모멘트'라는 식에 따라서 관성 모멘트가 커지면 각속도는 작아지고, 반대로 관성 모멘트가 작아지면 각속도는 커진다.

그러니까 피겨스케이팅 선수는 양팔의 길이를 조정함으로써 자유자재로 회전 속도를 바꾸는 것이다.

025
생물

칵테일파티 효과

Cocktail-party effect

내 귀에 듣고 싶은 목소리가 들리는 이유

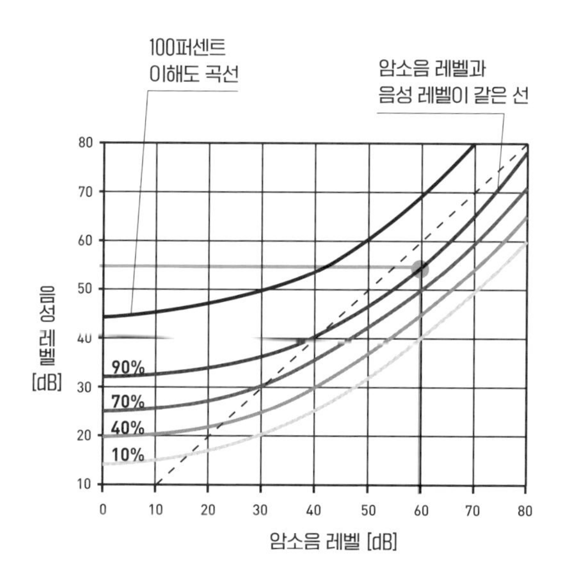

정의	소음이 큰 곳에서도 사람의 귀는 타인의 목소리를 분간할 수 있다.
발견자	콜린 체리Colin Cherry(1914~1979, 영국의 인지과학자)

카페에서 미팅을 할 때 보이스 레코더로 녹음한 뒤 나중에 다시 들어보면 많은 사람이 웅성거리는 소리가 겹쳐서 상대방의 목소리가 제대로 들리지 않는 경우가 있다. 카페에서 직접 이야기를 나눌 때는 분명히 상대방의 목소리가 잘 들렸는데 말이다.

상대방 목소리의 레벨(음압)이 주위의 소음(이것을 암소음이라고 한다)과 같거나 그보다 더 작을 경우, 녹음을 하면 상대의 목소리가 암소음 속에 파묻혀 잘 구별되지 않는다. 마이크는 정직하게 음압 레벨에 맞춰 음의 강도를 기록하는 기계이기 때문이다.

그러나 인간은 소음 속에서도 상대방의 목소리를 식별해 들을 수 있는데, 이것을 '칵테일파티 효과'라고 한다. 칵테일파티처럼 많은 사람이 모여서 웃고 떠드는 곳에서도 특정한 사람의 목소리를 분간할 수 있다고 해서 이런 명칭이 붙었다.

사실 암소음과 음성의 음압 레벨이 같아지면 이론적으로는 목소리와 암소음을 구별할 수 없게 되어야 한다. 그런데 미국의 음향학자인 로크너와 버거는 실험을 통해 암소음의 음압이 음성의 음압보다 5데시벨 정도 높은 경우라도 사람은 90퍼센트의 정확도로 상대방의 목소리를 들을 수 있음을 증명했다(앞쪽 그래프의 파란 점).

어떻게 이런 일이 일어나는 것일까? 그것은 뇌의 뛰어난 정보 처리 능력 덕분이다. 인간은 타인의 목소리를 들을 때 상대방의 얼굴이나 입의 움직임까지 같이 본다. 입의 움직임 같은 시각 정보가 청각 정보를 보조해 음을 인식할 수 있는 것이다.

또한 인간은 두 귀를 사용해 음원의 위치를 특정하는 능력이 뛰어난 까닭에 듣고 싶은 목소리가 어느 쪽에서 들리는지를 알고 그 방향에 의식을 집중할 수 있다.

우리 귀의 음원 특정 능력

인간의 뇌는 좌우의 귀에 도달하는 음의 시간 차를 통해 음원의 위치를 특정하는데, 이 위치 특정 능력은 수평 방향이라면 오차가 약 ±1도라는 높은 정밀도를 자랑한다.

다만 귀는 우리 몸에 좌우 수평으로 달려 있기 때문에 수직 방향의 정밀도는 ±5도 정도로 그다지 높지 않다. 그래서 천장이 뚫려 있는 홀의 1, 2층에서 파티가 열릴 경우 1층에서는 2층의 목소리가 잘 들리지 않는다.

Part. 2

026
수학

카발리에리의 정리

Cavalieri's principle

적분학의 아버지가 그린 절단면

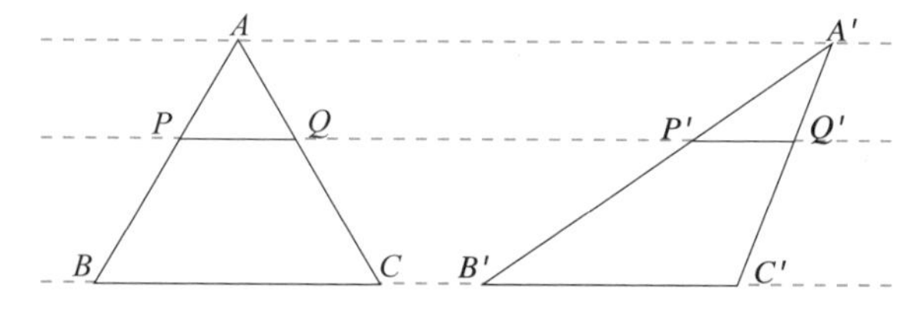

$\overline{BC} = \overline{B'C'}$
$\overline{PQ} = \overline{P'Q'}$

정의	2개의 평면 도형을 일정한 방향의 직선으로 자른 경우, 그 직선과 평행하게 그은 직선으로 자른 두 도형의 절단면의 길이가 같다면 두 도형의 넓이 또한 같다.
발견자	보나벤투라 카발리에리Bonaventura Francesco Cavalieri(1598~1647, 이탈리아의 수학자)

밑변의 길이와 높이가 같은 삼각형이 2개 있다. 이 삼각형의 넓이는 중학생 이상이라면 '밑변×높이÷2'라는 식으로 구할 수 있지만 만약 공식을 모른다면 어떻게 해야 두 삼각형의 넓이가 같은지 알아낼 수 있을까?

삼각형을 평행사변형을 만들어보는 것도 하나의 방법이다. 도형을 이리저리 살펴보면서 이런저런 방법을 궁리하는 것은 즐거운 일인데, 그 과정에서 재미있는 해법을 찾아낸 인물이 있다. 17세기에 활약한 이탈리아의 수학자인 보나벤투라 카발리에리다.

갈릴레이의 제자인 카발리에리는 1635년에 『연속체의 불가분성에 따른 새로운 수법의 기하학(Geometria indivisibilibus continuorum nova quadam ratione promota)』이라는 책을 출간 했는데, 그 책에서 이 정리에 관해 이야기했다. 2개의 삼각형이 있는 경우, 밑변과 평행하게 그은 직선으로 잘라낸 절단면의 길이가 어떤 위치에서나 같다면 그 두 삼각형의 넓이 또한 같다고 할 수 있다는 것이다. 이는 삼각형뿐만 아니라 모든 도형에 적용된다.

적분의 시작

올바른 직선이 아니더라도, 군데군데 벌레가 파먹은 듯이 구멍이 뚫려 있더라도 밑변과 평행하게 그은 직선이 잘라낸 두 도형의 절단면의 길이가 항상 같다면 두 도형의 넓이는 같다.

도형을 잘라낸 이 평행선의 수를 무한히 늘려서 생각하면 적분을 해서 넓이를 구하는 것과 같아진다. 난해하다고 생각하기 쉬운 학문인 적분도 그 시작을 알고 나면 어떤 것인지 쉽게 이해된다. 그래서 카발리에리를 '적분학의 아버지'라고 부르기도 한다. 참고로 이 정리는 평면 도형뿐만 아니라 입체에도 적용된다. 평행하게 자른 면의 넓이가 항상 같은 두 입체는 부피도 같다.

027
물리

갈릴레이의 상대성 원리

Galilean transformation

상대론의 선구적 존재

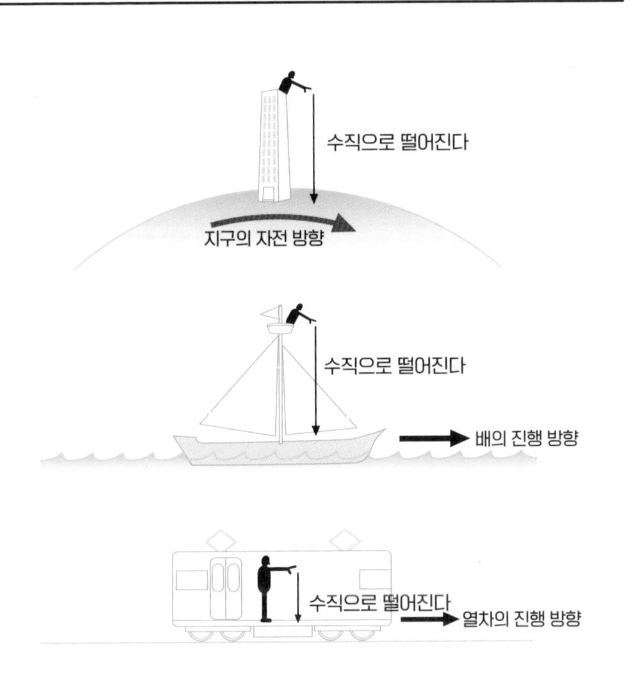

정의	등속 운동(속도가 일정한 운동)을 하고 있는 계의 내부에서는 같은 운동의 법칙이 성립한다.
발견자	갈릴레오 갈릴레이

중학생 시절에 친구들과 이런 이야기를 종종하곤 했다. "열차 안에서 공을 떨어뜨리면 바닥을 향해 수직으로 떨어지잖아? 그런데 열차는 빠르게 달리고 있으니까 공이 뒤로 떨어져야 하는 거 아닌가? 왜 수직으로 떨어지는 거지?"

오래 전 과학자들도 이와 같은 의문을 품은 적이 있었다. 기원전 300년대에 태어난 그리스의 아리스토텔레스는 높은 탑에서 물체를 떨어뜨리면 수직으로 떨어지는 것을 근거로 지구는 움직이지 않으며, 만약 지구가 움직이고 있다면 물체는 뒤쪽(서쪽)으로 떨어졌을 것이라고 생각했다. 따라서 아리스토텔레스는 지구가 우주의 중심에 있고, 그 주위를 태양이나 행성이 돌고 있다는 천동설을 주장했다.

그리고 16세기까지도 사람들은 계속해서 천동설을 믿었다. 이에 반해 지동설을 주장한 갈릴레이는 "앞으로 나아가고 있는 배의 돛대 위에서 돌을 떨어뜨리면 돌은 수직으로 떨어진다. 배가 나아가고 있다고 해서 뒤쪽으로 떨어지는 일은 절대 없다. 이와 마찬가지로 지구가 움직이고 있더라도 높은 탑에서 떨어뜨린 돌은 수직으로 떨어지는 것이 정상이다"라며 아리스토텔레스의 생각을 비판했다.

달리는 열차 안에서 중학생이 떨어뜨린 공과 돛대 위에서 떨어뜨린 돌은 같은 경우다. 공이 손에서 벗어나더라도 공에는 열차가 나아가는 방향으로 관성력이 작용하고 있으며, 이 관성력의 크기는 중학생의 몸이나 좌석 또는 바닥에 작용하고 있는 관성력과 똑같기 때문에 공이 수직으로 떨어지는 것이다.

다만 열차 밖에 서 있는 사람의 눈에는 낙하하는 공이 포물선을 그리면서 떨어지고 있는 것처럼 보인다. 이처럼 달리는 열차 안에서 보느냐, 혹은 열차 밖에서 멈춰 있는 상태로 보느냐에 따라 공의 움직임이 다르게 보이는 현상을 두고 갈릴레이의 상대성 원리라고 한다.

공이나 돌을 바닥에 떨어뜨려 보면 이 원리를 직감적으로 이해할 수 있다. 그러나 빛의 속도처럼 매우 빠른 존재에 대해서는 새로운 상대성이 필요해진다. 그리고 갈릴레이의 활동 시기로부터 약 300년 후에 태어난 아인슈타인은 특수 상대성 이론에서 광속 불변의 원리에 바탕을 둔 새로운 상대론을 구축했다.

028
물리

관성의 법칙(운동의 제1법칙)

Newton's first law: law of inertia

움직이지 않는 것은 계속 움직이지 않고, 움직이는 것은 계속 움직인다

정지해 있는 물체는 계속 정지해 있다

운동하고 있는 물체는 계속 등속 직선 운동
(속도가 일정한 일직선상의 운동)을 한다

정의	물체는 외부로부터 힘을 받지 않는 한, 계속 정지해 있거나 계속 등속 직선 운동을 한다.
발견자	아이작 뉴턴

얼음을 테이블 위에 놓고 손으로 힘을 가하면 테이블 끝까지 미끄러져 간다. 그러나 테이블이 굉장히 크다면 얼음은 어딘가에서 움직임을 멈추고 정지하게 된다. 얼음과 테이블 사이에 마찰력이 작용하기 때문이다. 만약 마찰력이 없다면 얼음은 영원히 같은 속도로 움직인다(공기에 따른 마찰은 무시한 경우). 우주 공간에서 힘이 가해진 물체는 태양이나 행성 등의 강력한 중력에 붙잡힐 때까지 등속 직선 운동을 계속한다. 우주에는 공기가 없어서 물체 사이에 마찰력이 작용하지 않기 때문이다.

한편, 움직이고 있는 것과는 반대로 정지해 있는 물체는 외부로부터 힘을 받지 않는 한 계속 정지한 상태를 유지한다.

뉴턴의 운동에 관한 3가지 법칙

아이작 뉴턴은 '뉴턴의 운동 제3법칙'이라 불리는 '관성의 법칙, 운동의 법칙, 작용·반작용의 법칙'을 발견했다. 이것은 1687년에 간행된 『프린키피아(자연 철학의 수학적 원리)』에 정리되어 있다. 이 3가지 법칙은 뉴턴 역학의 기초를 이루는 것으로, 이 책에서 근대 과학이 시작되었다고 할 수 있다.

관성계란 무엇일까?

정지해 있는 물체와 등속 직선 운동을 하고 있는 물체 모두 외부에서 힘이 가해지지 않는 한, 그 상태를 계속 유지한다. 이런 계를 '관성계'라고 한다. 사실 관성의 법칙을 최초로 발견한 사람은 갈릴레오 갈릴레이다. 그는 물체가 수평한 면, 내리막길, 오르막길을 움직일 때의 모습을 관찰해 관성의 법칙을 발견했다.

지구는 자전하고 있기 때문에 코리올리 힘(회전하는 계에서 느껴지는 관성력)이 작용하며 게다가 공기 저항도 있는 까닭에 엄밀히는 관성계가 아니지만, 그래도 관성계에 가깝다고 간주할 수 있다. 지구가 완전한 관성계가 아니라는 사실은 푸코의 진자 실험을 통해 알 수 있다. 푸코의 진자는 시간의 경과에 따라 진동하는 방향이 천천히 변한다. 지구가 완전한 관성계라면 진자는 계속 같은 방향으로 진동할 것이다.

029
사회

캐즘 이론
Chasm theory

하이테크 제품이 팔리기 위해 넘어야 하는 깊은 골짜기

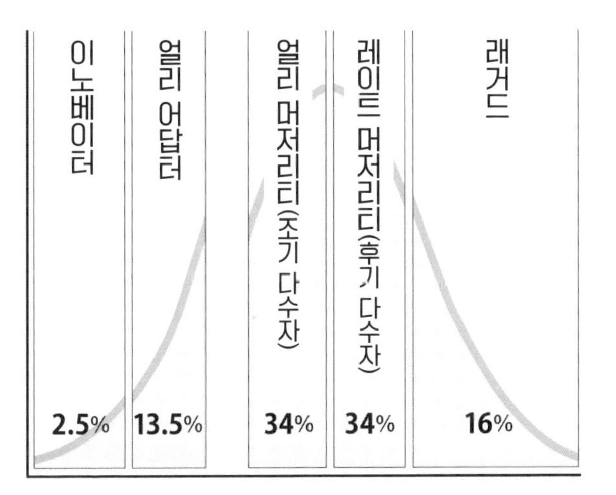

정의	얼리 어답터와 얼리 머저리티 사이에는 깊은 골짜기(캐즘)가 있으며, 이 구간을 뛰어넘어야 상품이 잘 팔린다.
발견자	제프리 무어Geoffrey Moore(1946~, 미국의 마케팅 컨설턴트)

캐즘 이론은 미국의 경영 컨설턴트인 제프리 무어가 1991년에 제창한 하이테크 시장의 마케팅 이론이다. 캐즘이란 '지면에 생긴 깊은 균열 혹은 골'을 의미한다.

1962년, 스탠퍼드대학교의 사회학자인 에버렛 M. 로저스는 '이노베이터 이론'을 발표하고, 신제품 시장에서의 소비자를 5단계로 나눴다. 이노베이터, 얼리 어답터, 얼리 머저리티(조기 다수자), 레이트 머저리티(후기 다수자), 래거드의 5단계다.

이노베이터는 남들보다 앞서서 새로운 제품과 기술에 달려드는, 다시 말해 새로운 것이라면 사족을 못 쓰는 사람들이다. 가령 신기능을 탑재한 스마트폰이나 카메라 등의 신상품이 등장하면 제대로 된 평가가 나오기도 전에 덥석 사버리는 이들을 가리킨다. 전체 소비자의 약 2.5퍼센트가 이런 사람들로 추정된다.

이노베이터에 이어서 신기능이 탑재된 상품을 사는 소비자는 얼리 어답터라고 불리는, 유행에 아주 민감한 사람들이다. 호기심이 왕성한 그들은 아직 발매한 지 얼마 되지 않아 할인율이 높지 않음에도 불구하고 지갑을 연다. 이런 얼리 어답터의 비율은 전체의 약 13.5퍼센트다.

얼리 어답터에 이어서 상품을 사는 소비자는 인원수가 많은 얼리 머저리티(조기 다수자)와 레이트 머저리티

(후기 다수자)다. 전자는 '다들 사니까' 혹은 '유행하기 시작하니까' 같은 이유로 구입하는 소비자층으로, 전체 소비자의 34퍼센트를 차지한다. 한편 후자는 그 상품을 구입하지 않으면 유행에 뒤떨어지는 것이 아니냐는 불안 심리나, 많은 사람이 사용하고 있으니 안심하고 쓸 수 있겠다는 생각을 바탕으로 조금은 수동적인 자세로 구입하는 소비자층이며, 마찬가지로 전체 소비자의 34퍼센트를 차지한다. 마지막으로 래거드는 세상의 유행에 거의 관심이 없는 부류로, 전체의 16퍼센트를 차지한다.

제프리 무어는 얼리 어답터와 얼리 머저리티의 사이에 '깊은 골(캐즘)'이 있으며, 이를 넘지 못하면 상품은 팔리지 않는다고 판단했다. 거의 매달 새롭게 발표되는 하이테크 제품을 보고 있으면 캐즘을 뛰어넘어 상품을 히트시키는 것이 분명 쉬운 일이 아님을 자연스럽게 실감하게 된다.

030
물리

캐번디시의 실험

Cavendish experiment

세계 최초로 지구의 무게를 측정한 대부호

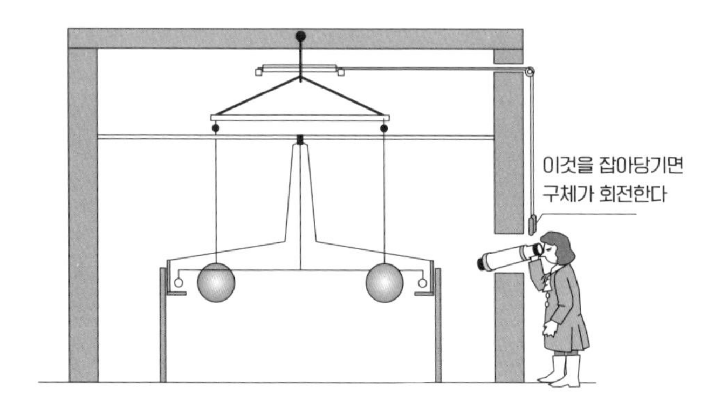

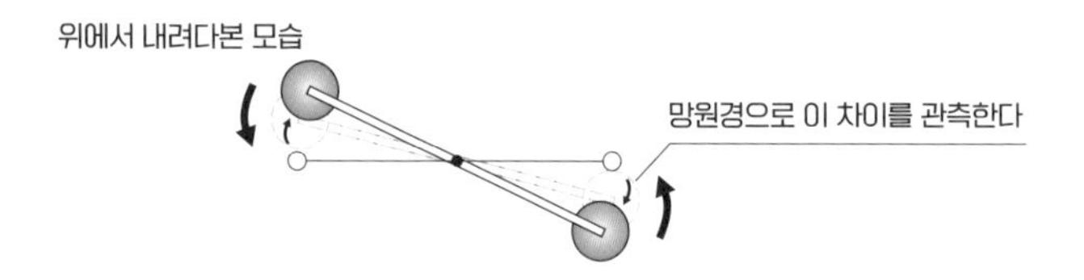

발견자 | 헨리 캐번디시Henry Cavendish(1731~1810, 영국의 화학자 · 물리학자)

근대 과학자 가운데 헨리 캐번디시만큼 특이한 사람은 없을 것이다. 그는 영국에서도 손꼽힐 만큼 부유한 귀족 가문에서 태어났고, 또 극도로 사람을 싫어해서 하인과도 얼굴을 마주하지 않고 메모로 의사소통을 했다. 케임브리지대학교를 졸업한 뒤에는 자신의 집에 연구소를 차리고 그곳에 틀어박혀서 화학과 전기학을 연구했다.

그는 샤를 드 쿨롱Charles-Augustin de Coulomb(1736~1806, 프랑스의 물리학자)보다 먼저 쿨롱의 역제곱 법칙(어떤 물리량이 거리의 제곱에 반비례하는 경우, 중력이 이에 해당한다)을 발견했고, 게오르크 옴보다 먼저 옴의 법칙을 발견했다. 그러나 명성에 집착하지 않는 편이어서 자신의 발견을 학회에 발표하지 않았기 때문에 나중에야 그의 연구가 알려졌다. 캐번디시는 그 밖에도 수많은 업적을 남겼다. 각종 기체의 질량을 측정했고, 수소 가스를 발견했으며, 수소와 산소를 섞은 다음 전기 불꽃을 튀기면 화합해서 물이 생긴다는 사실도 알아냈다.

사후 약 60년이 지난 1871년에는 캐번디시의 업적을 기려 케임브리지대학교 부속 캐번디시 연구소가 설립되었다. 제임스 맥스웰이 초대 소장을 맡았으며, 그 후 조지프 톰슨, 어니스트 러더퍼드, 제임스 채드윅 등 연구소에 세계 최고의 과학자들이 집결했고 이곳은 물리학 연구의 중요한 거점이 되었다.

캐번디시는 화학과 전자기학 이외에 지구의 밀도를 측정한 것으로도 유명하다. 1798년에 그는 훗날 '캐번디시의 실험'이라 불리게 되는 지구의 밀도와 질량을 측정하는 실험을 실시했고 이를 통해 지구의 질량을 정확히 알게 되었다. 실험은 1797년부터 1798년에 걸쳐 진행됐다. 그는 막대의 양 끝에 지름 2인치, 무게 1.61파운드(0.73킬로그램)의 납으로 만들어진 작은 공을 장치한 비틀림 저울을 사용했다. 작은 공에 350파운드(157킬로그램)의 납으로 만들어진 커다란 공을 가까이 대고, 그러면 두 공 사이에 인력이 작용해 작은 공이 살짝 움직이는데, 이 움직임을 비틀림의 값으로 추출해 계산했다. 공과 공 사이에 작용하는 힘과 공과 지구 사이에 작용하는 힘의 크기를 비교한 결과, 지구의 밀도가 물의 5.48배 정도임을 알아냈다. 현재는 지구의 평균 밀도가 5.52g/cm^{3}임이 밝혀졌으므로 이 실험을 통해 상당히 정확한 값을 이끌어냈다고 할 수 있다. 1687년에 뉴턴이 중력 상수(질량을 가진 두 물체 사이에 작용하는 힘과 관련된 상수)를 제시한 지 100여 년 만에 비로소 중력 상수를 실측할 수 있게 된 것이다.

031
전기

키르히호프의 법칙
Kirchhoff's Law

전기 회로는 수로와 같다고 생각하자

키르히호프의 제1법칙

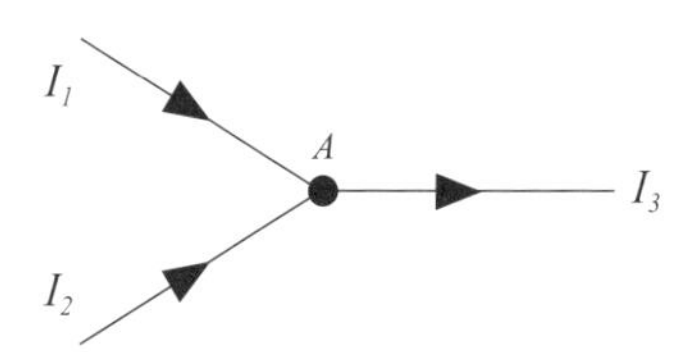

키르히호프의 제2법칙

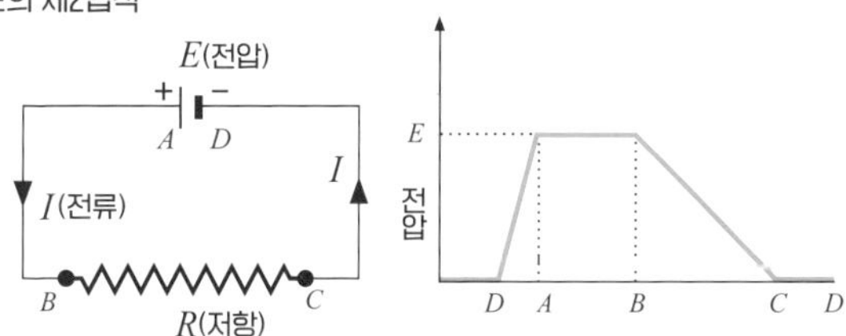

정의	[제1법칙] 회로의 어떤 한 점으로 흘러들어오는 전류와 흘러나가는 전류의 양은 같다. [제2법칙] 전류의 어떤 한 점에서 나와 회로를 한 바퀴 돌고 출발점으로 돌아오면 전위(전압)는 원래의 값이 된다.
발견자	구스타프 키르히호프Gustav Robert Kirchhoff(1824~1887, 독일의 물리학자)
수식	$I_1 + I_2 = I_3$ $RI + E = 0$ R : 저항값(Ω) I : 회로를 흐르는 전류(A) E : 회로 속의 전압(V)

전기 제품의 내부를 들여다보면 회로 기판 위에 복잡한 배선이 있고 중간 중간 저항이나 콘덴서, IC 칩 등이 붙어 있다. 그런데 이런 복잡한 모습의 전기 회로도 의외로 단순한 법칙에 따라 전류가 흐른다. 회로를 흐르는 전류와 전위를 계산하는 방법을 확립한 인물이 키르히호프로, 그가 1845년에 발표한 법칙을 가리켜 '키르히호프의 법칙'이라고 부른다.

전류와 전위가 어렵다면 수로를 생각해보자

키르히호프의 제1법칙은 전류 법칙으로 "회로의 어떤 한 점으로 흘러들어오는 전류의 양과 흘러나가는 전류의 양은 같다"라는 것이다. 이는 수로를 생각하면 이해하기 쉽다. 두 갈래의 수로에서 지점 A로 물이 흘러들어온 뒤, 다시 수로가 하나로 합쳐져서 흘러나가는 경우를 생각해보자. 물이 들어오는 두 수로의 수량을 합한 양의 물이 하나로 합쳐진 수로를 통해서 나가므로, 지점 A로 들어오는 물의 양과 나가는 물의 양은 같다.

키르히호프의 제2법칙은 전압 법칙으로 "전류의 어떤 한 점에서 나와 회로를 한 바퀴 돌고 출발점으로 돌아오면 전위는 원래의 값이 된다"라는 것이다. 이는 회로의 중간에 저항 등의 부품이 있어서 전압이 변화하더라도 원래의 위치까지 전류가 다시 오게 되면 전압은 최초의 값으로 돌아간다는 것이다. 이를 수로에 비유하면 다음과 같다. 물레방아(전기 회로로 치면 전지)에서 일정 수압으로 밀어낸 물이 밭을 한 바퀴 돌고 다시 원래의 위치로 돌아오도록 만든 수로가 있다고 가정하자. 이 수로는 중간에 좁아지는 부분(전기 회로로 치면 저항이 있는 부분)이 있어서 그곳에서는 물의 흐름도 가늘어진다. 즉, 전류가 약해지는 것이다. 그러나 좁은 부분을 통과하면 수로는 다시 원래의 폭으로 돌아오며, 물의 흐름(전류)도 원래의 상태로 돌아간다.

키르히호프의 법칙이 발표된 덕분에 이후 전기 회로의 계산이 편해졌고, 그 후 전기 공학·전자 공학이 더 크게 발달하게 되었다. 또한 키르히호프는 분광학의 창시자이기도 하다. 분광학이란 물질을 연소시켰을 때 나오는 빛을 프리즘으로 분광함으로써 그 물질이 어떤 원소로 구성되어 있는지 조사하는 학문이다. 분광학은 물질의 조성을 조사하거나 새로운 원소를 발견하는 데 크게 기여했다.

032
전기

쿨롱의 법칙

Coulomb's law

전기의 만유인력 법칙

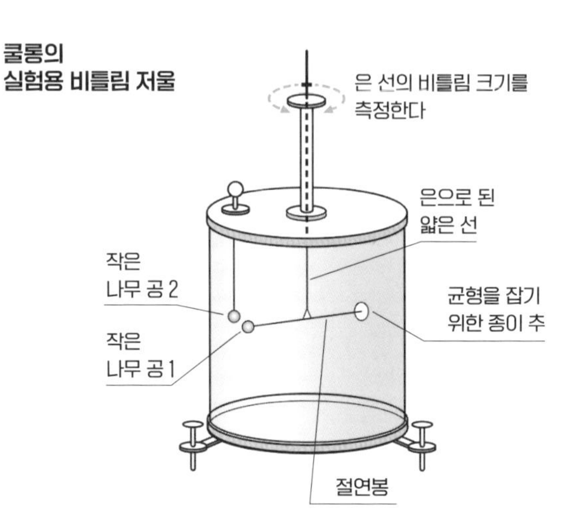

정의	전기를 띤 두 입자 사이에는 두 입자의 전기 크기의 곱에 비례하고 거리의 제곱에 반비례하는 힘이 작용한다.
발견자	샤를 드 쿨롱
수식	$$F = k\frac{q_1 q_2}{r^2}$$ F : 쿨롱 힘(N) k : 비례 상수 q : 입자의 전기량(C) r : 입자와 입자의 거리(m)

건조한 겨울날에 스웨터를 벗으면 머리카락이 잠시 쭈뼛 서는 경험은 누구나 해봤을 것이다. 이것은 탈의를 할 때 머리카락과 스웨터의 화학 섬유가 마찰을 일으킴으로써 정전기가 발생했기 때문이다. 빠진 머리카락은 스웨터에 달라붙어서 좀처럼 떨어지지 않는데, 이는 머리카락이 플러스 전기, 스웨터가 마이너스 전기를 띠게 되어 서로 잡아당기는 힘이 작용하고 있기 때문이다.

정전기는 두 물질을 마찰시켰을 때 물질을 구성하고 있는 원자의 가장 바깥쪽 궤도에 있는 전자가 튀어나와 다른 쪽 물질의 원자의 궤도로 이동함으로써 일어난다. 전자는 마이너스의 전기를 지니고 있으므로 전자가 늘어난 물질은 마이너스로, 전자가 튀어 나간 물질은 플러스로 대전된다. 이처럼 전기를 띤 입자 사이에는 서로 끌어당기는 힘(인력)과 반발하는 힘(척력)이 작용한다. 이 힘의 관계를 나타내는 것이 '쿨롱의 법칙'이다.

쿨롱 힘이란?

두 물체 사이에는 만유인력이 작용하는데, 그 크기는 두 물체의 질량의 곱에 비례하며 거리의 제곱에 반비례하는 값이다. 만유인력의 법칙은 전기를 띤 입자에도 적용된다. 이 경우도 서로 끌어당기는 힘은 입자가 가진 전기의 양에 비례하며 거리의 제곱에 반비례하는데, 이때 전기를 띤 입자에 작용하는 힘을 '쿨롱 힘'이라고 한다. 만유인력과 똑같이 작용하지만 그 힘은 만유인력보다 훨씬 강하다.

쿨롱의 법칙은 1785년에 프랑스의 물리학자인 샤를 드 쿨롱이 비틀림 저울을 사용한 실험을 통해서 발견됐다. 먼저 비틀림 저울을 준비하고, 통 속의 막대가 수평이 되도록 은으로 제작된 얇은 선으로 매단다. 막대의 한쪽 끝에 작은 나무 공을 달고, 또 다른 작은 나무 공을 그 근처에 고정시킨다. 이 두 작은 공에 전기를 띤 금속 막대를 갖다 대면 두 공 사이에 반발력이 작용해 막대가 살짝 회전하며 은 선이 비틀어지는데, 쿨롱은 이 비틀림의 정도를 통해 반발력의 크기를 측정했다.

이 법칙은 전기뿐만 아니라 자기를 띤 두 입자 사이에서도 성립한다. 이를 두고 '자기력의 쿨롱 법칙'이라고 한다. 참고로 전기량의 단위인 쿨롬(C)은 쿨롱의 이름에서 따온 것이다.

033
천문

클라크 수

Clarke Number

지구 표면의 원소의 비율

순위	원소	클라크 수	순위	원소	클라크 수
1	산소O	49.50	11	염소Cl	0.19
2	규소Si	25.80	12	망간Mn	0.09
3	알루미늄Al	7.56	13	인P	0.08
4	철Fe	4.70	14	탄소C	0.08
5	칼슘Ca	3.39	15	황S	0.06
6	소듐Na	2.63	16	질소N	0.03
7	포타슘K	2.40	17	불소F	0.03
8	마그네슘Mg	1.93	18	루비듐Rb	0.03
9	수소H	0.83	19	바륨Ba	0.023
10	티타늄Ti	0.46	20	지르코늄Zr	0.02

정의 지구의 대기권으로부터 지하 10마일(약 16킬로미터)에 존재하는 원소의 중량 비율을 퍼센트로 나타낸 것.

발견자 프랭크 클라크Frank Wigglesworth Clarke(1847~1931, 미국의 지구 화학자)

석유 등의 화석 연료는 앞으로 수십 년이 지나면 고갈될 것이라는 이야기가 있다. 해저 등 아직 충분히 조사가 진행되지 않은 곳에서 새로운 에너지 자원이 발견될 가능성도 있지만 그래도 언젠가는 고갈되어버릴 것이다. 지구 자체가 유한하기 때문이다.

우리는 화석 연료 이외에도 지하에 있는 다양한 광물 자원을 채굴해 사용하고 있다. 공업 제품의 필수 원료인 철, 구리, 니켈을 비롯해 수많은 광물이 지하에서 채굴되고 있는데, 그렇다면 지구를 구성하는 물질에는 대체 어떤 원소가 들어 있을까? 이를 알게 된다면 지구 탄생의 비밀에 대한 실마리를 얻을 수 있을지도 모른다.

미국의 지구 화학자인 프랭크 클라크는 1924년에 지하 10마일(약 16킬로미터)까지 존재하는 원소의 비율(중량 기준)을 발표했다. 그는 대량의 화성암을 조사해 그것이 어떤 원소로 구성되어 있는지 분석했고, 또 바닷물과 대기의 조성까지 면밀히 살핌으로써 지구의 대기권으로부터 지하 10마일에 존재하는 원소의 비율을 추정했다. 이렇게 지각을 구성하는 원소별로 중량 비율을 나타낸 것이 바로 '클라크 수'다.

클라크 수에서 가장 많이 존재하는 원소는 산소인데 비율이 약 49.5퍼센트에 달한다. 두 번째로 많은 원소는 규소(전체의 25.8퍼센트)이며, 세 번째로 많은 원소는 알루미늄(전체의 7.56퍼센트)이고, 그 이하는 앞의 표와 같다. 산업에 필수 원소인 니켈이나 구리는 0.01퍼센트밖에 존재하지 않는다.

클라크의 조사 이후 지구 화학은 눈부신 발전을 이루었으며 지금은 원소의 구성이 더 정확하게 밝혀졌다. 클라크는 오늘날 '지구 화학의 아버지'로 불린다.

희소 금속과 희토류 원소

지각에 포함되어 있는 양이 매우 적은 원소나, 함유량은 많지만 채굴 또는 정제가 어려워서 입수하기 힘든 원소를 두고 '희소 금속'이라고 한다. 또한 희소 금속 가운데 희토류에 속하는 원소를 '희토류 원소'라고 부른다. 강력한 자석을 만드는 데 꼭 필요한 네오디뮴이나 사마륨, 렌즈의 성능을 향상시키는 란타넘 등이 희토류 원소다.

034
사회

그레셤의 법칙

Gresham's law

나쁜 돈이 가치 높은 돈을 몰아낸다

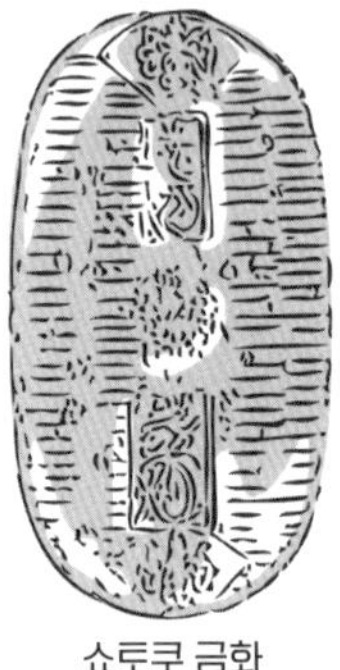
쇼토쿠 금화
1714년

교호 금화
1715년

1714년에 금 함유량을 높인 금화를 발행하자
화폐량이 급격히 감소해 경제가 침체되었다

정의

액면 가치가 동일한 두 종류의 화폐를 유통시키면 실질 가치가 높은 화폐는 시장에서 모습을 감추고, 실질 가치가 낮은 화폐만이 남는다.

발견자

토머스 그레셤Thomas Gresham(1519~1579, 영국의 재정가)

"악화惡貨는 양화良貨를 몰아낸다." 악화란 무엇이고 양화란 무엇일까? 악화는 금이나 은 같은 귀금속의 함유량이 적은 화폐, 양화는 귀금속의 함유량이 많은 화폐를 의미한다. 그리고 여기에서의 포인트는 악화와 양화가 모두 액면 가격(가치)이 같다는 것이다. 요컨대 똑같은 가격의 금화인데 금의 함유량이 50퍼센트인 것과 45퍼센트인 것이 시장에 함께 유통된다면, 사람들은 금의 함유량이 많은 금화는 장롱 속에 보관하고 금의 함유량이 적은 금화만을 사용하는 경향을 보일 것이다.

다만 이것은 금 본위제(화폐 단위의 가치와 금의 일정량의 가치가 등가 관계를 유지하는 제도)가 실시되던 시절의 이야기이며, 금의 가치를 기준으로 삼지 않는 인공적인 통화 관리 제도 아래에서 지폐와 주화가 발행되고 있는 오늘날에는 직접적으로는 적용되지 않는다.

이 설을 제창한 그레셤은 16세기 중반에 활약한 영국의 재정가다. 당시의 영국은 화폐를 개주改鑄해 귀금속의 함유량을 낮춘 탓에, 다른 나라의 화폐보다 자국 화폐의 가치가 하락해 어려움을 겪고 있었다. 이에 그레셤은 당시 영국의 국왕이었던 엘리자베스 1세에게 화폐의 가치를 되돌리도록 진언해 영국의 경제를 재건했다고 한다.

일본에서도 에도 시대에 수차례에 걸쳐 화폐의 개주

가 실시되었는데, 그때마다 귀금속의 함유량이 낮은 화폐(악화)가 시장에 유통되었다고 전해진다.

법칙의 원용

"악화는 양화를 몰아낸다"라는 말은 명쾌하고 강렬한 인상을 주는 까닭에 그레셤이 의도했던 본래의 의미와는 다른 뉘앙스로도 널리 쓰이게 되었다. 실제로 이 말은 마치 광고의 캐치프레이즈처럼 메시지를 알기 쉽게 전해준다. 그래서 '악인이 선인을 몰아내고 권력을 잡는다'라든가 '통속적인 문화가 전통적인 문화를 몰아낸다'와 같은 의미로도 종종 사용되고 있다.

사람은 예나 지금이나 이익을 보는 쪽, 편한 쪽, 즐거운 쪽을 선택하는 경향이 있는데, 조금은 '양화'를 소중히 여기는 마음도 남겨뒀으면 하는 생각이 든다.

035
정보

그로슈의 법칙

Grosch's law

저가 제품과 고가 제품 중 무얼 사는 것이 더 이득일까?

1960년대의 메인 프레임 컴퓨터인 IBM 시스템 360 모델 65의 이미지

정의	컴퓨터의 성능은 가격의 제곱에 비례한다.
발견자	허버트 그로슈Herbert Grosch(1918~, 미국의 컴퓨터 과학자·컴퓨터 저널리스트)·

허버트 그로슈는 컴퓨터의 여명기에 활약한 과학자다. 1945년부터 1951년까지 컬럼비아대학교의 왓슨 과학 컴퓨팅 연구소에 소속되어 있었고, 그 후 1973년부터 1976년에는《컴퓨터월드》의 편집장을 역임했다.

그는 1950년에 "컴퓨터의 성능은 가격의 제곱에 비례한다"라는 '그로슈의 법칙'을 발표했다. 가령 5만 원짜리 컴퓨터와 10만 원짜리 컴퓨터가 있다면, 그 성능은 25(5^2) 대 100(10^2)으로 10만 원짜리 컴퓨터가 5만 원짜리 컴퓨터보다 약 4배 정도 더 고성능이라는 것이다. 즉, 값비싼 컴퓨터일수록 가격 대 성능 비가 좋다고 할 수 있다. 다만 이것은 메인 프레임이라고 부르던 당시의 대형 컴퓨터에 적용되던 법칙으로, 현재의 개인용 컴퓨터에 그대로 적용하기는 무리가 있다.

개인용 컴퓨터는 저가 제품을 사는 편이 더 이익이다?

그러나 실제로는 개인용 컴퓨터의 경우도 고가 제품의 가격 대 성능 비가 높은 경우가 많다고 할 수 있을지 모른다. 가령 개인용 컴퓨터에 같은 계열의 CPU(중앙처리장치)가 탑재되어 있을 경우 클록 주파수(CPU를 작동시키는 속도)가 높을수록 가격이 비싸지는데, 오래 쓸 것을 생각하면 고가의 제품이 오히려 상대적으로 더 저렴하다고도 할 수 있다.

다만 개인용 컴퓨터의 가격은 제품에 포함되어 있는 애플리케이션 소프트웨어의 양이나 OS(운영체제)의 종류에 따라서도 달라지므로 금액만 가지고는 선불리 결정하기 어려운 측면이 있다. 게다가 반년 또는 1년 주기로 신제품이 출시될 때마다 기존 제품의 가격이 크게 떨어지는 것이 보통이기 때문에, 종합적으로 보면 개인용 컴퓨터는 저가 제품을 사는 편이 더 이익이라고 할 수 있을지도 모른다. 아무래도 그로슈의 법칙은 대형 컴퓨터로 한정해서 생각하는 편이 좋을 듯하다.

유사한 다른 법칙 더 알아보기

비슷한 종류의 법칙으로 컴퓨터 네트워크의 비용 대 성능은 1년마다 2배가 되며, 성능 대 비용은 1년마다 2분의 1이 된다는 '빌 조이의 법칙', 컴퓨터 네트워크의 가치는 이용자 수의 제곱에 비례하며, 네트워크의 비용은 이용자 수에 비례한다는 '메칼프의 법칙' 등이 있다.

036
심리

게슈탈트 심리학

Gestalt psychology

인간이 세상을 지각하는 방식

정의	인간의 마음은 부분 부분의 집합이 아니라 전체 상을 가진 구조로 파악해야 한다.
발견자	막스 베르트하이머Max Wertheimer(1880~194, 오스트리아-헝가리 제국 출신의 심리학자)

게슈탈트는 독일어로 '형태'라는 의미며, 게슈탈트 심리학은 인간의 마음을 전체적인 구조로써 파악해야 함을 말한다. 1910년부터 1920년에 걸쳐 독일의 막스 베르트하이머와 볼프강 쾰러 등이 창시했다.

이전까지는 인간의 마음을 요소로 환원해 보는 심리학이 주류였다. 19세기 후반부터 20세기 초반은 원자의 구조가 밝혀지는 등 물질을 요소(원자)로 분해함으로써 새로운 지식을 얻으려 했던 환원주의 물리학이 주류였던 시기인데, 심리학도 그 영향을 받았던 것으로 생각된다. 베르트하이머와 쾰러 등은 그런 환원주의에 반기를 들었던 학자들이다.

그렇다면 마음을 전체적인 구조로 파악하는 게슈탈트 심리학은 어떤 것일까? 가령 누군가가 매우 느릿느릿하게 말하는 것을 들으면 그 의미를 바로 이해하기가 어렵다. 물론 말하는 속도가 지나치게 빨라도 곤란하지만 말을 이해하기 위해서 필요한 적절한 속도라는 것이 있다. 우리는 문자 하나하나를 이해하는 것이 아니라 문장 전체를 패턴으로써 파악해 내용을 인지하기 때문이다. NHK의 아나운서는 평균적으로 1분에 300글자 정도를 말한다고 한다. 시대가 지나면서 조금 더 빨라져 현재는 400글자 정도를 말하는 아나운서도 있다고 하지만 결국 사람이 듣고 자연스럽게 이해할 수 있는 속도는 정해져 있다.

게슈탈트 붕괴

어떤 한 문자를 계속 바라보거나 하나의 단어에 관해 줄곧 생각하다 보면 갑자기 뭐가 뭔지 알 수 없고 혼란스러워질 때가 있다. 따라서 무엇이든 간에 전체적인 이미지로써 지각하는 것이 중요하다. 세부적으로 분해해 요소로만 보아서는 전체를 이해할 수 없기 때문이다. 이렇게 일부를 계속 바라보거나 생각하는 사이에 내용 파악이 제대로 되지 않고 혼란에 빠지는 현상을 두고 '게슈탈트 붕괴'라고 한다. 인간의 지각은 먼저 전체를 패턴으로 인식한 다음 세부 내용을 이해하는 체계로 이뤄져 있는 것이다.

037
천문

케플러의 법칙

Kepler's laws

천체의 운행에 관한 3개의 법칙

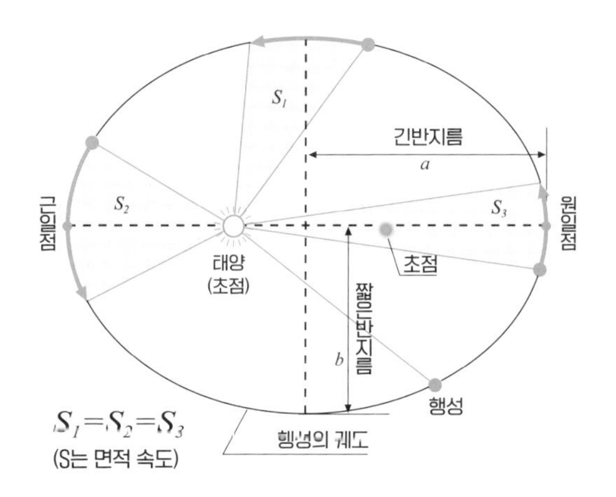

정의

[제1법칙] 행성은 태양을 초점으로 삼는 타원 궤도 위를 공전한다.

[제2법칙] 태양과 공전하는 행성을 선으로 이으면 같은 시간 동안 그 선이 만드는 면적(면적 속도)은 항상 같다.

[제3법칙] 행성의 공전 주기의 제곱과 타원 궤도의 긴반지름의 세제곱의 비는 어떤 행성이든 일정하다.

발견자

요하네스 케플러 Johannes Kepler(1571~1630, 독일의 천문학자)

수식

[제3법칙]

$$\frac{a^3}{T^2} = k \text{ (일정)}$$

a : 타원 궤도의 긴반지름
T : 공전 주기

16세기 초엽에 니콜라우스 코페르니쿠스는 태양을 중심으로 행성이 회전하고 있다는 지동설을 발표했다. 그리고 코페르니쿠스가 사망한 지 약 100년이 지난 후, 갈릴레이는 목성의 위성이 목성 주위를 규칙적으로 공전하고 있다는 것을 망원경으로 관측하고 지동설이 옳다고 믿게 되었다. 이 무렵부터 천동설에서 지동설로 우주관이 크게 변화하기 시작했다. 개념적인 우주관에서 관측에 입각한 실증적인 우주관으로, 문자 그대로 코페르니쿠스적 전환이 일어나려 하는 시대였다.

여기에는 망원경의 발명도 큰 관계가 있다. 참고로 망원경은 1608년에 네덜란드의 한스 리퍼세이가 망원경의 특허를 신청했다는 기록이 남아 있다.

케플러의 제1법칙 - 타원 궤도의 법칙

요하네스 케플러는 행성의 움직임을 정밀하게 분석해 '케플러의 법칙'이라고 불리는 3개의 법칙을 발견했다. 1609년에 제1법칙과 제2법칙을, 1619년에 제3법칙을 발표했다.

제1법칙은 "행성은 태양을 하나의 초점으로 삼는 타원 궤도 위를 공전한다"라는 것이다. 타원 궤도에는 2개의 초점이 있는데, 그 초점 중 하나에 태양이 위치한다.

다만 타원이라고 해도 눈에 보일 만큼 찌그러진 형태는 아니며, 태양계의 거의 모든 행성은 아주 약간 찌그러진 타원형 궤도를 돌고 있다.

태양계의 행성 가운데 공전 궤도가 가장 타원형에 가까운 것은 수성으로, 이심률(타원이 찌그러진 정도, 0 이상 1 이하의 수치로 나타내며, 숫자가 클수록 많이 찌그러진 큰 타원형이다)이 0.2056이며, 궤도의 긴반지름과 짧은반지름의 비는 약 1.5다. 한편 지구는 이심률이 작은 편으로 약 0.0157이며, 궤도의 긴반지름과 짧은반지름의 비는 1.03이다. 지구의 공전 궤도는 거의 둥근 원에 가까운 편이며, 따라서 1년 내내 태양으로부터 거의 일정한 양의 열을 받을 수 있다. 만약 공전 궤도의 위치에 따라 태양과의 거리가 크게 달라졌다면, 지구의 기온은 변동 폭이 매우 컸을 것이다. 참고로 명왕성의 이심률은 0.249로 타원임을 확연히 알 수 있는 궤도 위를 공전하고 있는데, 2006년 8월부터는 행성이 아니라 왜행성으로 분류되었다.

케플러의 제2법칙 - 면적 속도 일정의 법칙

제2법칙은 "행성의 면적 속도는 일정하다"라는 것이다. 133쪽의 그림을 보면 쉽게 이해가 될 것이다. 태양과 공전하는 행성을 선으로 이으면 같은 시간 동안 그 선이 만드는 면적(면적 속도)은 항상 같다. 이 면적이 늘 일정하다는 것은 행성이 태양으로부터 멀어지고 있을 때는 공전 속도가 느려지며, 반대로 가까워질 때는 공전 속도가 빨라진다는 뜻이다.

극단적인 타원형 궤도를 돌고 있는 혜성은 태양과 가까워졌을 때 순식간에 확 밝아진 뒤 1~2개월 만에 지나가버리는데, 이것은 케플러의 제2법칙에 따라 태양에 근접하고 있을 때 공전 속도가 빨라지기 때문이다.

케플러의 제3법칙 - 조화의 법칙

제3법칙은 "행성의 공전 주기의 제곱은 타원 궤도의 긴반지름의 세제곱에 비례한다"라는 것이다. 구체적인 수식으로 나타내면 139쪽의 표와 같다. 이 수식을 태양계의 행성에 적용해보면 표와 같이 모든 행성에서 거의 일정한 수치가 나온다.

뉴턴 역학으로 결실을 맺다

케플러의 법칙은 질서정연하고 아름다운 법칙이다. 그때까지 천동설에 집착하던 당시의 종교가들도 천체가 이렇게까지 조화롭게 운행되고 있다는 사실에 크게 감동하지 않았을까? 시간이 흘러 케플러의 업적은 뉴턴에게 계승되었고, 그 결과 위대한 뉴턴 역학이 탄생하게 되었다.

튀코 브라헤의 공적

케플러의 법칙을 이야기할 때는 튀코 브라헤Tycho Brahe를 빼놓을 수 없다. 브라헤는 케플러보다 25살 더 많은 덴마크의 천문학자다. 아직 망원경이 발명되지 않은 시대에 태어난 그는 육안으로 행성의 운행을 정밀하게 관찰해 방대한 기록을 남겼고, 관측 결과를 통해 행성은 태양의 주위를 돌고 있음을 확신했다. 그러나 망원경이 없었던 탓에 지구에서 행성을 봤을 때 연주 시차(어떤 천제를 바라볼 때 지구의 공전 때문에 발생하는 시차視差)를 확인하지 못했고, 그로 인해 연주 시차가 0이라면 지구는 움직이지 않는다(공전하지 않는다)는 결론에 도달했다.

또 지구 이외의 행성은 태양의 주위를 돌고 있으며, 태양은 행성을 데리고 지구의 주위를 돌고 있다는 독자적인 태양계 모델을 제창했다. 이 모델은 분명 잘못된 것이지만, 브라헤가 남긴 행성 위치에 대한 관측 데이터는 그의 사후에 케플러에게 인계되어 케플러의 법칙으로 결실을 맺게 된다. 브라헤가 정리한 기록이 없었다면 케플러의 법칙은 탄생하지 못했을 것이다.

브라헤는 행성 이외에도 신성이나 혜성 등 수많은 천체를 관측했다. 1572년에는 카시오페이아자리에 출현한 초신성(대폭발을 일으켜 갑자기 밝아진 항성)을 관측하고 기록을 남겼다. 이것은 '튀코의 신성'으로 알려져 있다.

관측 기술과 과학의 진보

16세기부터 17세기에 걸친 시대는 지동설이 등장하고, 1643년에 에반젤리스타 토리첼리가 진공을 발견하며, 1665년에 로버트 훅Robert Hooke(1635~1703, 영국의 물리학자 · 생물학자)이 세포의 존재를 알아내는 등 과학이 비약적으로 진보한 시기였다.

이와 같은 진보의 원동력 중 하나는 당시 사람들이 사물을 객관적·논리적으로 바라보고자 하는 열정을 갖고 있었다는 것 그리고 다른 하나는 기술의 발전으로 정밀한 관측기구·실험기구가 등장한 것이었다. 16세기 말에는 망원경이 최초로 제작되었고, 이후 17세기에 접어들면서 사람들은 망원경을 이용해 천체를 관측하기 시작했다. 이와 같이 기술의 진보가 과학의 발달을 크게 촉진시켰다.

천체명	궤도의 긴반지름 a (천문단위)	공전주기 T (태양년)	$\frac{a^3}{T^2} = k$
수성	0.387	0.24	1.00
금성	0.723	0.62	0.98
지구	1.00	1.00	1.00
화성	1.52	1.88	0.99
목성	5.20	11.86	0.99
토성	9.55	29.53	1.00
천왕성	19.21	84.02	0.98
해왕성	30.10	164.77	1.00
명왕성	39.40	247.80	1.00

038
물리

광속
the Speed of Light

우주에서 가장 빠른 여행자, 빛

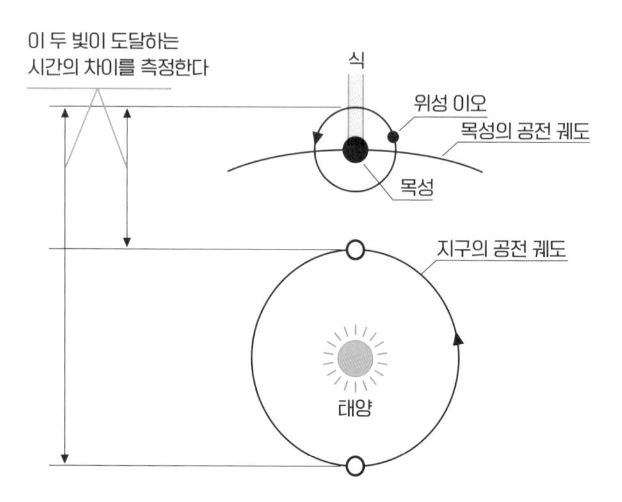

정의	진공 속에서의 광속은 2억 9,979만 2,458m/s이다.
발견자	올레 뢰머Ole Christensen Rømer(1644~1710, 덴마크의 천문학자)
수식	$c = 2.99792458 \times 10^8\ m/s$ (c: 광속)

빛은 우주에서 가장 빠르다. 이 세상에 빛보다 더 빠르게 나아가는 것은 존재하지 않는다. 또한 진공 속에서 빛의 속도는 항상 일정하며 변하지 않는다. 광속에 가까운 속도로 비행하고 있는 우주선에서 나오는 빛이든, 100억 광년 이상 떨어진 은하에서 나와 지구로 향하는 빛이든 간에 그 속도는 일정하다.

이는 아인슈타인이 1905년에 발표한 특수 상대성 이론을 통해 증명되었다. 진공 속에서 빛의 속도는 어떤 운동 상태에 있든 간에 변하지 않는다. 이를 '광속 불변의 원리'라고 한다. 빛의 속도는 절대적이라는 뜻이다.

진공 속에서 빛은 1초에 약 30만 킬로미터를 나아간다. 정확히는 앞에 나온 정의와 수식에 표시한 내로다. 흔히 빛은 1초에 지구를 7바퀴 반 정도 돈다고 한다(지구의 둘레 길이가 4만 킬로미터이므로 30만÷4만=약 7.5, 7바퀴 반). 다만 빛은 직진하기 때문에 엄밀히 말하면 지구의 주위를 돌지는 않는다.

빛의 속도는 항상 일정한 까닭에 우주의 거리를 나타내는 단위로도 사용된다. 빛이 1년 동안에 나아가는 거리를 1광년이라고 하는데, 1광년은 약 9.46×1,012킬로미터(약 9조 4,600억 킬로미터)다. 이것은 태양과 태양계의 가장 바깥쪽에 위치한 행성인 해왕성의 거리 44억

9,825킬로미터의 약 2,100배에 해당한다.

조금 더 친근한 예를 들어보면, 지구에서부터 달까지의 거리가 약 38만 킬로미터이므로 지구에서 나온 빛은 약 1.3초면 달에 도달하게 된다.

빛의 속도를 구하려고 시도하다

그렇다면 이토록 빠른 빛의 속도를 어떻게 측정할 수 있을까? 빛의 속도를 측정하는 방법을 처음으로 생각해낸 사람은 갈릴레이였다. 1638년경, 갈릴레이는 자신과 다른 한 사람이 각각 램프와 덮개를 들고 서 있는 상태에서(각자 충분히 멀리 떨어진 지점에 선 채로), 상대방 램프의 불빛이 보이는 순간 자신의 램프 덮개를 벗겨내 상대에게 불빛을 보여줌으로써 빛이 왕복하는 데 걸리는 시간을 측정해 광속을 구하려 했다.

그러나 이 방법으로 빛의 속도를 구하는 것은 무리였다. 상대방의 불빛을 본 뒤에 자신의 램프 덮개를 벗겨내는 작업을 해야 하는데, 오차가 너무 커서 정확한 측정이 불가능했던 것이다.

역사상 최초로 광속을 측정한 인물은 덴마크의 올레 뢰머다. 1676년에 뢰머는 목성의 위성인 이오의 식(목성의 그림자에 가려지는 현상)이 일어나는 시간을 정확히 재는 방법으로 광속을 측정했다. 이 실험을 통해 뢰머가 계산해낸 광속은 약 21만 4,000km/s였다.

039
물리

운동의 제3법칙(작용·반작용의 법칙)

Newton's third law: law of reciprocal actions

상대방을 때리면 자신도 맞게 돼 있다

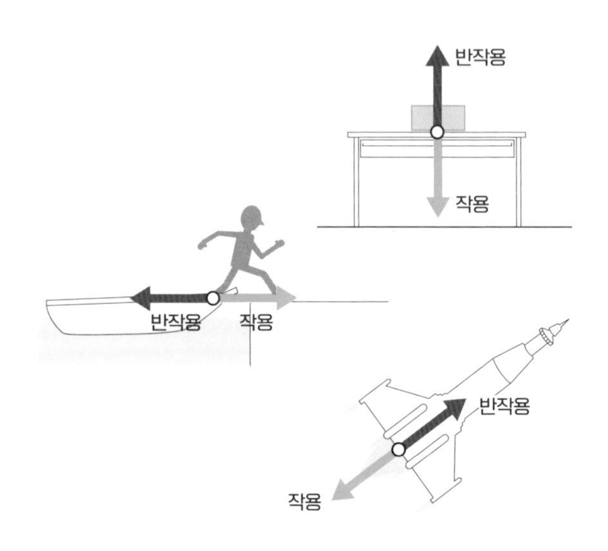

정의

물체A가 물체B에 힘을 끼치면 물체B는 방향이 정반대인 같은 크기의 힘을 물체A에 끼친다.

발견자

아이작 뉴턴

수식

$$Fab = -Fab$$

F : 힘
a : 물체1의 질량
b : 물체2의 질량

보트를 강기슭에 댄 뒤, 배에서 내리려고 발을 땅에 디디려 하는데 보트가 뒤로 밀려나는 바람에 물에 빠질 뻔한 경험을 해본 사람이 있을 것이다. 고정되어 있지 않고 수면에 떠 있는 보트에서 지면을 향해 점프하려고 보트를 찼기 때문에 그 반동으로 보트가 뒤로 움직인 것이다.

이렇듯 상대에게 힘을 끼치면(작용), 그 힘과 크기가 같으며 방향은 반대인 힘이 자신에게도 미치게(반작용) 된다. 이것을 '운동의 제3법칙' 또는 '작용·반작용의 법칙'이라고 부른다.

로켓은 반작용으로 비행한다

로켓은 가스를 분사함으로써 그 반작용으로 비행한다. 분사하는 힘을 더 크게 하면 로켓이 더 빨리 날게 된다. 비행기에 달려 있는 제트 엔진도 같은 원리로, 마찬가지로 가스를 분사함으로써 추진력을 얻는다.

비행기의 날개가 만들어내는 양력(고체와 유체 사이에 움직임이 있을 때 그 움직임에 수직한 방향으로 발생하는 힘, 비행기나 새의 날개에 적용된다)은 유체의 법칙과 베르누이의 정리(303쪽 참고)로 설명이 가능한데, 뉴턴 역학에서는 이를 작용·반작용의 법칙으로 설명할 수도 있다. 주날개에 부딪힌 공기가 가속되어 주날개 뒤에서 아래쪽으로 방향이 바뀌기 때문에 공기에는 아래로 향하는 힘이 작용한다. 이에 그 반작용으로 주날개가 위를 향하는 것이다.

책상 위에서 볼 수 있는 작용·반작용의 법칙

책상 위에 책이 놓여 있는 모습을 상상해보자. 이때 책은 중력의 영향으로 책상에 힘을 작용시키고 있다. 그런데도 책이 정지해 있는 이유는 책상도 같은 힘으로 책을 되밀고 있기 때문이다. 이것도 작용·반작용의 법칙이다.

스모 선수가 기둥을 밀어내는 훈련을 하고 있을 때, 정지해 있는 기둥 역시 스모 선수가 가한 강렬한 힘을 되밀어 내고 있다. 권투 경기에서 상대방을 가격했을 때도 마찬가지로, 선수가 상대방을 공격했을 때 주먹을 다치게 되는 것도 작용·반작용의 법칙에 따른 결과다. 때린 동시에 맞은 셈이기 때문이다. 작용·반작용의 법칙은 자력이나 쿨롱 힘에 대해서도 성립한다.

040
화학

질량 보존의 법칙

Conservation of mass

화학 반응을 한다고 해서 질량이 늘거나 줄어들지 않는다

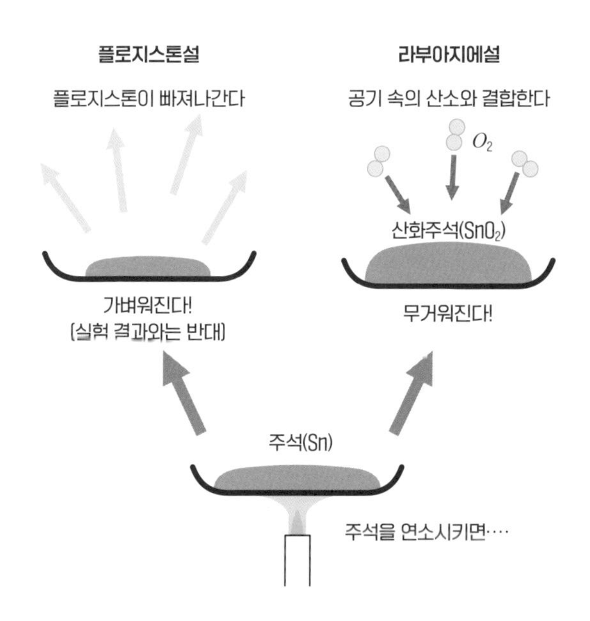

정의	화학 반응 이전과 이후에 반응물의 총질량과 생성물의 총질량은 같다.
발견자	앙투안 라부아지에Antoine-Laurent de Lavoisier(1743~1794, 프랑스의 화학자)

연소燃燒란 곧 산화酸化다. 지금은 모두가 이것을 당연하게 생각하지만 18세기의 사람들은 이 당연한 사실을 알지 못했다. 나무가 불에 타면 재가 남는데, 그 무게는 불타기 전의 나무에 비하면 훨씬 가볍다. 그래서 옛날 사람들은 나무가 불에 타면 어떤 물질이 나무에서 빠져나와 어딘가로 날아가버린다고 생각했다.

17세기 후반에 독일의 요한 요아힘 베커와 게오르크 슈탈은 연소란 플로지스톤이라는 물질이 방출되는 것이라는 '플로지스톤설'을 제창했다. 플로지스톤은 '타는 원소'라는 뜻이다. 지금의 시각으로 바라보면 비과학적으로 생각될 수 있지만 당시는 아직 원자나 분자의 존재조차 알려지지 않은 시대였으므로 그런 생각을 하는 것도 무리는 아니었다.

그 후, 프랑스의 화학자인 앙투안 라부아지에는 1774년에 공기 속에서 금속인 주석을 태우면 처음의 무게보다 아주 약간 더 무거워진다는 사실을 발견했다. 플로지스톤설이 옳다면 연소할 때 플로지스톤이 방출되어서 무게가 가벼워져야 하는데 오히려 무거워진 것이다. 이 점이 이상하다고 생각한 라부아지에는 실험을 거듭했고, 마침내 늘어난 무게가 연소될 때 사용된 공기의 무게와 같다는 사실을 발견했다. 연소시킨 주석이 조금 더 무거운 이유는 주석과 산소가 화합해 산화주석이 생겼기 때문이었다. 연소를 통해 달라붙은 산소의 무게만큼 무거워진 것이다.

이런 실험을 여러 번 반복한 결과, 라부아지에는 전체 물질의 질량은 화학 반응 이전과 이후에 같다는 사실을 증명했다. 이것을 '질량 보존의 법칙'이라고 한다.

핵분열을 해도 질량이 보존될까?

현대 물리학에서는 핵분열이나 핵융합이 일어날 때 극미량의 에너지가 사라진다는 사실이 밝혀졌다. 이것은 질량 보존의 법칙에 따르면 무엇인가의 질량이 소실되었음을 의미한다. 다만 이때의 에너지 결손은 극미량인 까닭에 화학 반응에서는 질량이 보존되었다고 간주해도 문제는 없다.

041
심리

자네의 법칙

Janet's law

나이를 먹으면 시간이 빨리 간다는 느낌은 슬프지만 사실…

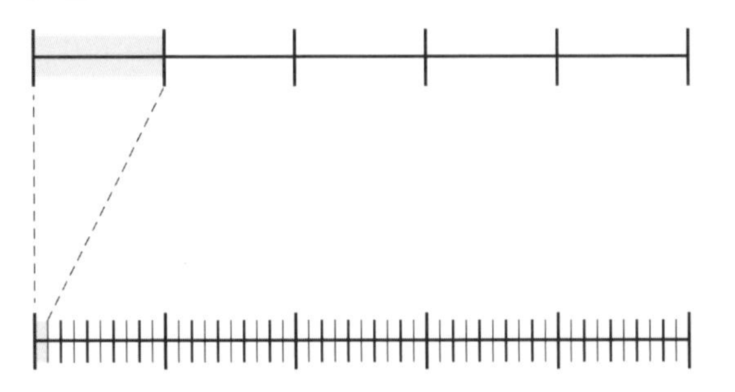

정의	나이를 먹으면 심리적으로 느끼는 시간의 진행 속도가 더 빨라진다.
발견자	폴 자네Paul Alexandre René Janet(1823~1899, 프랑스의 철학자)

정신을 차려보면 어느덧 연말이 다가오고 있다. 얼마 전에 제야의 종소리를 들은 것 같은데 말이다. 누구와 함께 종소리를 들으러 갔는지, 거기서 어떤 일이 있었는지 등이 생생하게 기억나는데 벌써 1년이 흘렀다니…… 많은 사람이 이런 경험을 해봤을 것이다.

어렸을 적에는 시간이 천천히 흘러갔는데 왜 나이를 먹고 어른이 되니 시간이 빠르게 지나가는 것처럼 느껴질까? 혹시 시간의 속도는 일정한 것이 아니라 점점 더 빨라지는 것이 아닐까? 물론 그런 일은 없다. 아인슈타인에 의하면 광속 혹은 광속에 가까운 속도로 이동하지 않는 한 시간의 속도는 변하지 않는다.

그렇다면 왜 그렇게 느껴지는 것일까? 프랑스의 철학자인 폴 자네는 이 문제를 두고 궁리했다. 시간의 절대 속도가 변하지 않는다면 결국 인간의 마음, 인지가 변하기 때문이라고 생각하는 수밖에 없다. 그는 나이를 먹을수록 심리적 시간이 짧아진다는 '자네의 법칙'을 만들어냈으며, 그의 조카이자 심리학자인 피에르 자네가 자신의 저서에서 이 법칙을 구체적으로 소개했다.

대체 나이와 심리적 시간 사이에는 어떤 상관관계가 있는 것일까? 이와 관련해 심리적 시간의 길이는 나이의 역수에 비례한다는 설이 있다. 50세인 사람에게는 1년이 인생의 50분의 1이지만, 5세인 아이에게는 1년이 5분의 1에 해당한다. 그래서 50세인 사람에게는 1년의 길이가 5세 어린이가 체감하는 것보다 더 짧게 느껴지는 것이다. 이 숫자와 비례 관계 사이에 구체적으로 얼마나 과학적인 근거가 있는지 알 수 없지만 듣고 보면 왠지 그런 것 같다는 생각이 들지 않는가?

중국의 고전에 '한단지몽邯鄲之夢'이라는 이야기가 있다. 당나라의 노생이라는 청년이 입신출세를 위해 조나라를 향하던 도중에 한단이라는 곳에서 잠이 들었고 부귀영화를 누린 뒤 천수를 다하는 꿈을 꿨는데, 깨어나 보니 잠들기 전에 짓고 있었던 조밥조차 다 익지 않은 짧은 시간이었다는 내용이다. 인생의 덧없음을 이야기한 이 고사는 시간의 길이나 속도가 물리학에서는 절대적이지만 심리학적으로는 주관에 따라 다르게 느껴진다는 것을 보여준다.

042
정보

섀넌의 정리
Shannon–Hartley theorem

디지털 통신의 한계

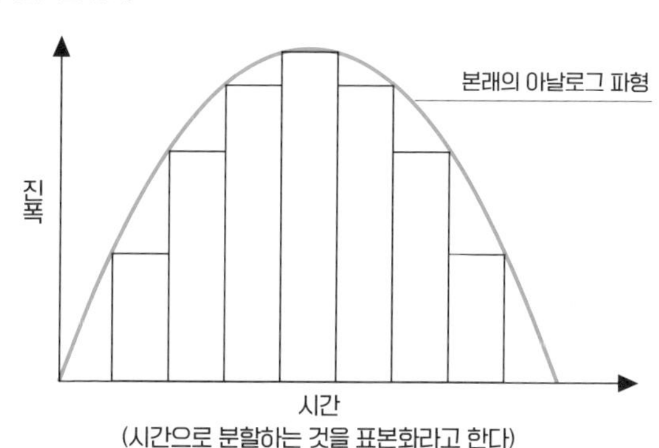

정의	부호화해서 보내는 정보량에는 상한선이 있다.
발견자	클로드 섀넌Claude Elwood Shannon(1916~2001,미국의 수학자 · 컴퓨터 과학자)
수식	$C = W \log_2\left(1+\frac{S}{N}\right)$ C : 통신 용량 W : 주파수 대역폭 S : 신호 전력 N : 노이즈 전력

소리에서는 음계나 강약이 연속적으로 변화하는데, 이렇게 정보를 연속적인 물리량으로 나타낸 것을 아날로그라고 한다. 한편 소리를 시간과 강약으로 작게 분할하고, 구획마다 신호의 유무를 0과 1로 나타내는 방식을 디지털이라고 한다.

음악 CD와 컴퓨터를 생각해보자. 음악은 연속적인 물리량인 아날로그 개념이고, 컴퓨터는 불연속적인 디지털이다. 따라서 컴퓨터는 연속적이지 못하고 순간만을 기억하기 때문에 음악을 아주 작은 시간으로 쪼개어 데이터를 남긴다. 보편적으로 쓰는 음악 CD는 보통 44킬로헤르츠(kHz)에 16비트(bit)가 일반적인데, 간단히 말해 44킬로헤르츠란 시간의 분할을 의미하며 1초를 4만 4,000번으로 나눈 것이고, 16비트는 음의 세분화를 뜻하며 그 값은 2의 16승(6만 5,535)이다. 즉, 음을 약 6만 5,000개로 세분화하여 음악을 녹음하고 재생한다는 것이다(따라서 CD의 비트 수가 높을수록 음질이 더 좋다).

정보를 디지털화하는 것을 부호화라고도 한다. 정보를 전부 0과 1이라는 부호로 치환하기 때문이다. 아날로그 정보를 부호화해서 디지털 정보로 만들면 아날로그 정보로 발송할 때와는 비교할 수 없을 만큼 대량의 정보를 한 번에 보낼 수 있다. 가령 팩스로 A4 용지에 적힌 정보를 보내려면 몇 초가 걸리지만, 종이에 적힌 문자를 텍스트 파일로 디지털화해서 인터넷을 통해 보내면 순식간에 송신할 수 있다. 책 1권, 아니, 백과사전 전집도 디지털화를 하면 일순간에 보낼 수 있다.

그러면 디지털화를 하면 어떤 정보든 간에 대량으로 바로 보낼 수 있는 걸까? 그렇지는 않다. 전기 신호에 실어서 보낼 수 있는 정보의 양에는 상한선이 있다. 이렇듯 부호화된 정보를 보낼 때의 상한선을 제시한 것이 '섀넌의 정리'다. 앞의 공식을 보면 알 수 있듯이 전송 가능한 정보의 비트 수는 주파수 대역과 신호, 노이즈 강도에 따라 결정된다. 이 정리는 오늘날의 디지털 통신 기술의 기초를 이루는 이론이 되었다.

표본화 이론이란?

섀넌은 정보 이론 분야에서 수많은 업적을 남겼는데, 그중에서도 섀넌의 정리에 버금가는 중요한 업적으로 '표본화 이론(1949년)'이 있다. 아날로그 정보를 디지털 정보로 변환할 때 어느 정도의 간격으로 표본화(샘플링)해야 하는지를 제시한 이론이다.

043
물리

샤를의 법칙

Charles's law

따뜻한 공기는 팽창하고 차가운 공기는 수축한다

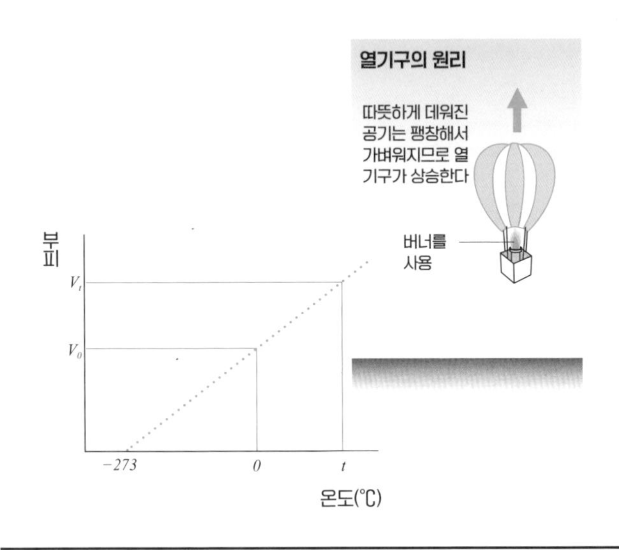

정의	일정한 압력 하에서 기체의 부피는 절대 온도에 비례한다.
발견자	자크 샤를Jacques Alexandre César Charles(1746~1823, 프랑스의 물리학자)
수식	$\frac{V}{T}$ = 일정 (p가 일정할 때) V : 기체의 부피(㎥) T : 기체의 온도(K) p : 기체의 압력(Pa)

샤를의 법칙은 1787년 프랑스의 자크 샤를이 발견한 법칙인데 한동안 공표하지 않았기 때문에 그사이에 조제프 게이뤼삭이 실험을 거듭해 좀 더 정밀한 형태로 발표했다. 그래서 '게이뤼삭의 법칙'으로도 불린다.

게이뤼삭은 어떤 기체든 간에 압력이 일정할 때 기온이 1도씩 상승할 때마다 섭씨 0도일 때 부피가 전체의 273분의 1씩 증가한다는 사실을 발견했다. 기체의 온도와 부피의 관계를 그래프로 나타내면 앞의 그림과 같은 직선이 되며, 이 직선을 왼쪽(부피와 온도가 둘 다 낮아짐)으로 연장해 나가면 섭씨 마이너스 273도에서 부피가 0이 된다. 이것이 물리학에서 이론적으로 나타내는 온도의 최저점, 절대 영도다.

당시는 물질이 가질 수 있는 최저 온도가 섭씨 마이너스 270도 정도가 아닐까 하는 가설이 있었는데, 게이뤼삭이 실험을 통해 그것을 증명했다고 할 수 있다.

열기구를 탄 화학자들

사실 최초로 인간을 태우고 하늘을 난 것은 비행기가 아닌 열기구다. 샤를과 게이뤼삭이 활약했던 18세기 후반은 사람들이 하늘을 날기 위해 열정을 쏟아부었던 시대이기도 했다. 1783년에는 프랑스의 몽골피에 형제가 열기구로 사상 첫 유인 비행에 성공했다.

열기구가 하늘을 나는 원리는 샤를의 법칙과 관계가 있다. 실제로 몽골피에 형제가 첫 비행에 성공한 다음 달인 12월에 샤를 역시 로베르 형제와 만든 수소 기구를 타고 고도 3,000미터까지 상승했으며, 게이뤼삭도 기구를 타고 비행했다고 한다.

이렇게 기체의 부피·압력·온도의 관계가 점차 밝혀짐에 따라 물리학은 더욱 크게 발전하게 되었다.

계산해보자

주사기에 섭씨 15도, 부피 17cm^{3}의 공기를 집어넣고 압력을 일정하게 유지하면서 부피가 20cm^{3}가 될 때까지 열을 가했다. 이때 공기의 온도는 몇 도일까?

0.000017/(273+15)=0.00002/(273+x)이므로, 답(x)은 약 66도가 된다.

044
물리

주기율표

Periodic table

원소를 원자 번호순으로 나열하면 그룹이 형성된다

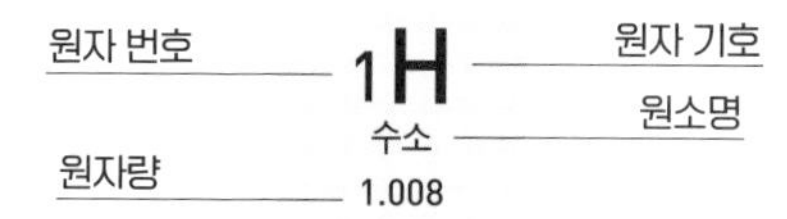

* 괄호 안의 원자량은 대표적인 동위 원소의 질량수

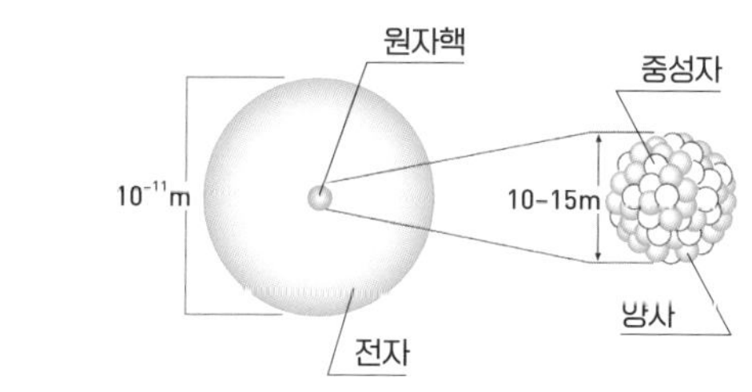

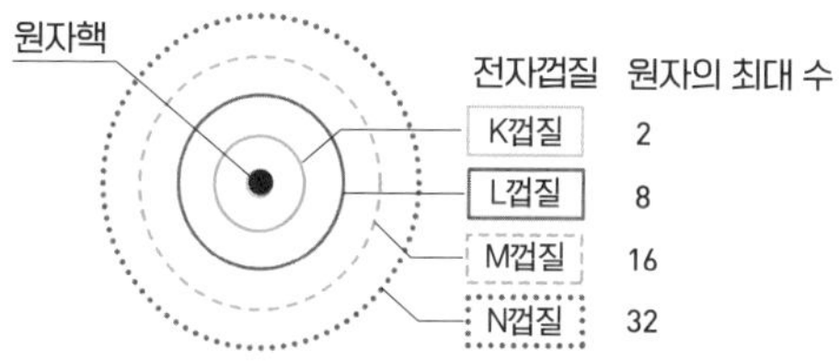

정의	원소를 원자 번호순으로 나열하면 화학적 성질이 규칙성을 보이며 주기적으로 나타난다.
발견자	드미트리 멘델레예프Dmitri Ivanovich Mendeleev(1834~1907, 러시아의 화학자)

물질을 계속 분할하다 보면 '눈에 보이는' 가장 작은 기본 입자인 원자에 다다르게 된다. 원자는 고성능 전자 현미경(주사 터널링 현미경)으로 그 모습을 파악할 수 있는데, 원자보다 더 작은 것은 현 시점에서 눈으로 관찰할 수 없다. 그런 의미에서 생각하면 눈에 보이는 가장 작은 입자는 원자라고 할 수 있다.

원자의 개념은 기원전 5세기경에 고대 그리스에서 탄생했다. 다만 당시의 원자는 철학적인 존재일 뿐 실험을 통해서 확인된 것이 아니었다. 실제로 물질이 원소로 구성되어 있음을 알게 된 시기는 18세기 말엽으로, 화학자 라부아지에가 정밀한 실험을 거듭한 끝에 물질은 약 30종류의 원소로 구성되어 있다고 추측했다.

1803년에는 존 돌턴이 원자설을 제창하면서 물질이 원자로 구성되어 있다고 가정하면 화학 반응을 잘 설명할 수 있다는 사실을 보여줬고, 이어서 게이뤼삭과 아보가드로가 여러 원자가 결합된 분자라는 개념을 발견했다. 또한 1819년에는 50종류나 되는 원소가 확인되었으며, 원소에는 같은 성질을 지닌 그룹이 존재한다는 것까지 알게 되었다.

그리고 1869년, 러시아의 화학자인 멘델레예프는 당시 알려져 있었던 62종류의 원소를 질량이 작은 것부터 큰 것의 순서로 한 줄에 8개씩 정리하면 같은 화학적 성질을 가진 원소가 주기적으로 나열된다는 사실을 발견했다. 이렇게 해서 만들어진 것이 '멘델레예프의 주기율표'다.

과거 이 주기율표에는 아직 발견되지 않은 원소의 위치가 빈칸으로 남아 있었는데, 원소가 차례차례 발견됨에 따라(1875년에 포타슘, 1879년에 스칸듐 등) 멘델레예프의 주기율표는 큰 주목을 받게 되었다.

주기율이란?

원소는 물질을 이루는 기본적인 성분이자 원자의 종류를 나타내는 개념으로, 동위 원소(같은 원소이지만 중성자의 수가 다르기 때문에 질량이 다른 원소)를 포함해서 말할 경우에 사용한다.

원자의 반지름은 약 0.1~0.3나노미터(nm)이며, 양자와 중성자로 구성된 원자핵과 그 원자핵을 둘러싸고 있는 전자로 이루어져 있다. 그리고 수소는 1개, 헬륨은 2개와 같이 원자별로 양자의 수가 정해져 있는데, 이 양자의 수가 곧 원자 번호가 된다. 또한 양자와 중성자의 수를 더한 값을 질량수라고 한다. 전자는 양자와 같은 수만큼 존재하지만 질량이 양자의 1,840분의 1로 매우 가벼운 까닭에 양자와 중성자의 질량을 더한 값을 원자의 질량으로 봐도 무방하다.

원소의 화학적 성질은 전자가 결정한다. 전자는 원자핵과 가까운 것부터 K껍질, L껍질, M껍질, N껍질이라고 부르는 궤도 위에 존재하며, 각각의 껍질에 들어갈 수 있는 전자의 최대 수는 K껍질이 2개, L껍질이 8개, M껍질이 16개, N껍질이 32개로 정해져 있다.

원자가 다른 원자와 결합해 분자를 만들 때는 가장 바깥쪽 껍질에 있는 전자가 중요한 역할을 한다. 이 전자를 가전자라고 하고, 가전자의 수가 같은 원자는 같은 화학적 성질을 지닌다.

멘델레예프를 비롯한 당시의 과학자들은 원자를 원자 번호순으로 나열하면 가전자의 수가 규칙적으로 변화한다는 사실을 발견했다. 이 규칙성을 원소의 '주기율'이라고 한다. 그리고 이 주기율을 바탕으로 원소를 세로 18열, 가로 7열로 나눠서 나타낸 것이 현재의 주기율표다. 세로열을 '족', 가로열을 '주기'라고 하며, 세로열에는 비슷한 성질의 원소가 나열되어 있다.

원소는 모두 몇 개가 있을까?

자연계에 존재하는 원소는 원자 번호 92인 우라늄(U)

까지이며, 93번인 넵투늄(Np) 이후의 원소는 원자핵 반응을 통해서 인공적으로 만들어낸 것이다. 다만 넵투늄과 원자 번호 94인 플루토늄(Pu)은 자연계에도 극소량이 존재한다.

현재까지는 원자 번호 118인 오가네손(Og)까지의 원소가 보고되었다. 113번의 원소 니호늄은 일본의 이화학연구소가 2012년에 합성에 성공한 것이다.

주기율표의 용어

동족 원소

같은 족의 원소를 동족 원소라고 하며, 이들은 화학적 성질이 유사하다. 가령 1족인 리튬과 소듐, 포타슘 등은 가전자의 수가 같기 때문에 같은 화학적 성질을 지니고 있다.

전형 원소

주기율표 1, 2족, 12~18족에 해당하는 원소. 다른 세로열에 비해 유사성이 높은 족에 속하는 원소다. 전형적인 주기율을 가지고 있어서 전형 원소라고 부른다.

전이 원소

제4주기 이후의 3족부터 11족에 속하는 원소. 금속원소이며 세로열보다 가로열의 유사성이 강한 원소다(참고로 전이 원소는 12족까지 해당된다는 학자의 견해도 있으며, 이 경우에는 전형 원소가 1족, 2족, 13~18족에 해당하게 된다).

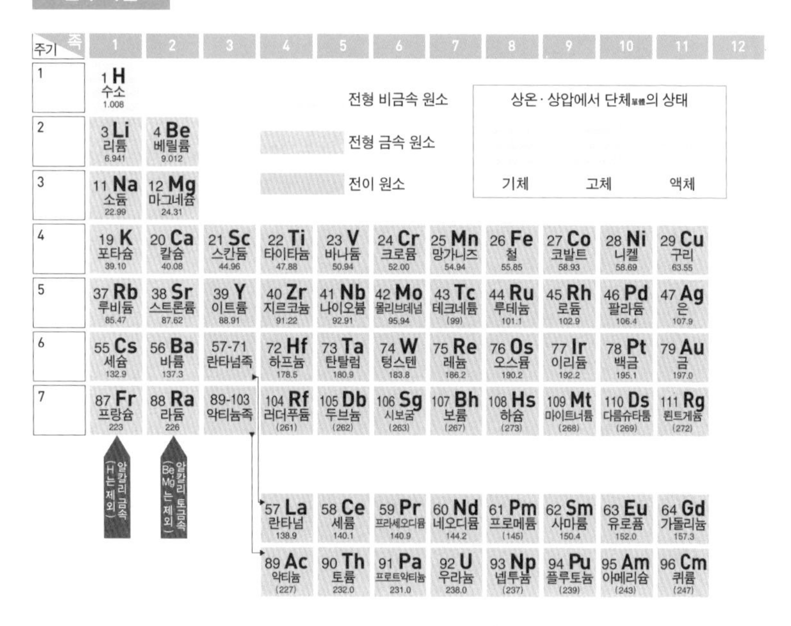

금속 원소

소듐, 망간, 아연 등 전자를 쉽게 방출하는, 즉 전기가 잘 통하는 원소를 가리킨다.

	13	14	15	16	17	18	족 / 주기
						2 He 헬륨 4.003	1
	5 B 붕소 10.81	6 C 탄소 12.01	7 N 질소 14.01	8 O 산소 16.00	9 F 플루오린 19.00	10 Ne 네온 20.18	2
	13 Al 알루미늄 26.98	14 Si 규소 28.09	15 P 인 30.97	16 S 황 32.07	17 Cl 염소 35.45	18 Ar 아르곤 39.95	3
30 Zn 아연 65.39	31 Ga 갈륨 69.72	32 Ge 저마늄 72.61	33 As 비소 74.92	34 Se 셀레늄 78.96	35 Br 브로민 79.90	36 Kr 크립톤 83.80	4
48 Cd 카드뮴 112.4	49 In 인듐 114.8	50 Sn 주석 118.7	51 Sb 안티모니 121.8	52 Te 텔루륨 127.6	53 I 아이오딘 126.9	54 Xe 제논 131.3	5
80 Hg 수은 200.6	81 Tl 탈륨 204.4	82 Pb 납 207.2	83 Bi 비스무트 209.0	84 Po 폴로늄 (210)	85 At 아스타틴 (210)	86 Rn 라돈 222	6
112 Cn 코페르니슘 (277)	113 Nh 니호늄 (278)	114 Fl 플레로븀 (278)	115 Mc 모스코븀 (278)	116 Lv 리버모륨 (278)	117 Ts 테네신 (278)	118 Og 오가네손 (278)	7

65 Tb 터븀 158.9	66 Dy 디스프로슘 162.5	67 Ho 홀뮴 164.9	68 Er 어븀 167.3	69 Tm 툴륨 168.9	70 Yb 이터븀 173.0	71 Lu 루테튬 175.0
97 Bk 버클륨 (247)	98 Cf 캘리포늄 (252)	99 Es 아인슈타이늄 (252)	100 Fm 페르뮴 (257)	101 Md 멘델레븀 (258)	102 No 노벨륨 (259)	103 Lr 로렌슘 (262)

045
논리

죄수의 딜레마

Prisoner's Dilemma

최선책은 상대의 행동에 따라 달라진다

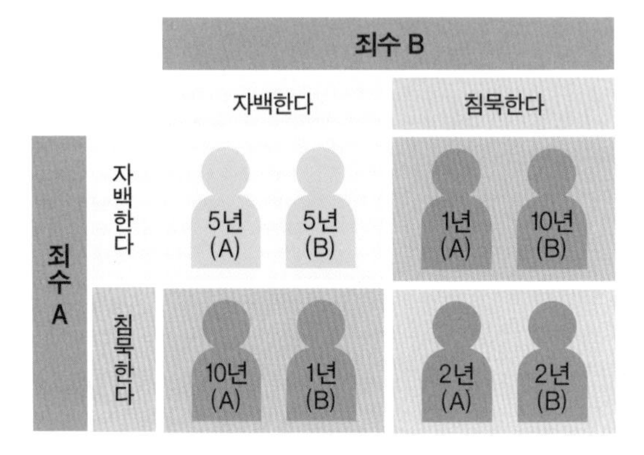

정의	상대가 어떻게 행동할지 알 수 없는 경우에는 최적의 선택을 하기가 어려워진다.
발견자	앨버트 터커Albert William Tucker(1905~1995, 미국의 수학자)

딜레마란 두 가지 선택지 중 어느 한쪽을 선택하면 다른 한쪽이 불리해지는 상황을 앞두고 이러지도 저러지도 못하는 상태를 의미한다. "일이냐, 결혼이냐", "학문에 매진할 것인가, 취직을 할 것인가" 등 어느 쪽을 선택할지 쉽게 결정하지 못하는 상황이 곧 딜레마다.

죄수의 딜레마는 미국의 수학자인 앨버트 터커가 1950년에 제창한 것으로, 게임 이론의 대표적인 명제 중 하나다. 게임 이론이란 장기나 트럼프처럼 서로의 행동이 상대에게 영향을 끼칠 경우, 어떻게 의사 결정을 하는 것이 최적인지를 연구하는 학문이다. 게임 이론은 사회·경제·정치 등 여러 요소가 서로 얽히면서 복잡하게 진행되는 분야에서 응용되고 있다.

그렇다면 죄수의 딜레마는 어떤 딜레마일까? 상상해보자. 죄수 2명이 있다. 일단은 가벼운 죄로 체포되었지만 함께 중죄를 저질렀다는 혐의를 받고 있다. 2명은 각기 다른 독방에 수감되어 있어서 의사소통이 불가능한 상태인데, 검찰관은 2명에게 개별적으로 다음과 같은 거래를 제안했다.

"둘 다 끝까지 묵비권을 행사한다면 각각 2년형에 처하겠어", "공범자가 묵비권을 행사했는데 자네가 범죄를 자백한다면 형기를 1년으로 감형해주지. 이 경우 공범자는 10년형을 받게 될 거야", "둘 다 자백을 한다면 각각 5년형을 받게 될 걸세."

자, 어떻게 하겠는가? 자백을 하면 가장 가벼운 1년형을 받을 가능성이 있지만 반대로 상대도 자백을 한다면 5년형을 받게 된다. 두 사람 모두 묵비권을 행사한다면 2년형을 받을 수 있지만 만약 상대방이 자백을 해버리면 자신만 10년형을 받고 만다.

최적의 선택은 본인만 자백을 해서 1년형을 받는 것이지만 문제는 상대가 어떻게 행동할지 알 수 없다는 점이다. 이처럼 본인에게 최선이라고 생각한 판단도 상대의 행동에 따라 결과가 달라지며, 또 상대가 어떻게 행동할지 알 수 없을 경우에는 최적의 선택을 하기가 어려워진다. 이것이 바로 죄수의 딜레마다.

선택지가 2개 이상일 때는?

딜레마는 2가지 사항 사이에서 이러지도 저러지도 못하는 것인데, 선택지가 3개일 경우는 트릴레마trilemma라고 한다. 딜레마의 '디di'는 2를, 트릴레마의 '트리Tri'는 3을 의미한다.

046
물리

중력 가속도

gravitational acceleration

지구의 중심을 향해서 끌어당겨지는 힘

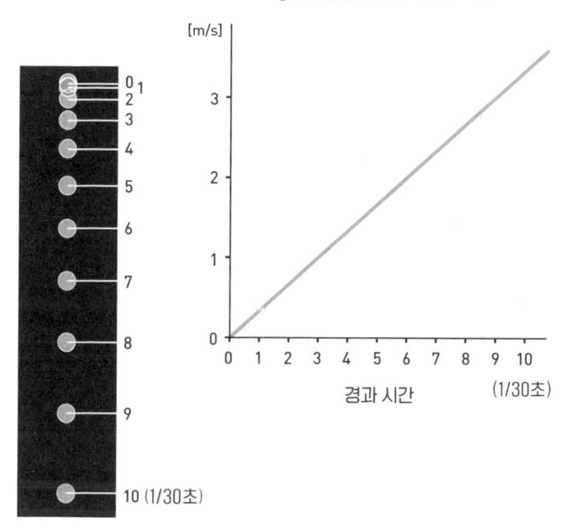

정의

물체가 받는 중력의 가속도.
지구 표면에서는 중력 가속도(G) = 9.80665m/s²

수식

$$g = \frac{GM}{R^2}$$

g : 중력 가속도
G : 중력 상수
M : 지구의 질량
R : 지구의 반지름

아인슈타인의 일반 상대성 이론에 따르면 중력은 공간의 일그러짐 때문에 생겨나는데 그 원인은 확실히 밝혀지지 않았다. 또한 중력을 전달하는 입자로 불리는 중력자(그라비톤)나 시공간의 일그러짐을 통해서 발생해 광속으로 전파되는 중력파를 검출하려는 시도도 계속되고 있지만 여전히 아직 발견되지 않고 있다.

이처럼 중력은 수수께끼로 가득하지만 물체와 물체 사이에 중력이 작용한다는 것은 실험 결과를 보나 여러 경험으로 미루어보나 부정할 수 없는 사실이다. 인간이 지구의 표면에 서 있을 수 있는 것도, 높은 곳에서 물건이 떨어지는 것도 중력이 있기 때문이다.

중력은 물체가 지구의 중심을 향해서 끌어당겨지는 힘으로, 앞의 그림처럼 물건을 떨어트리면 시간에 비례해서 낙하 속도가 증가한다. 이를 '중력 가속도'라고 한다. 국제단위계는 중력 가속도를 $9.80665m/s^2$으로 규정했다. 1초마다 속도가 약 9.8m/s씩 증가한다는 의미다.

또한 중력 가속도는 장소에 따라 미묘하게 달라지는데 그 이유로 다음의 3가지를 들 수 있다.

1. 경도에 따라 지구의 자전으로부터 생겨나는 원심력의 크기가 다르기 때문이다(적도에서는 크며 극지에서

는 0이다).

2. 지구는 완전한 구체가 아니라 적도 방향으로 약간 부푼 타원체(극 반지름과 적도 반지름의 비는 약 1 대 1.0034)이기 때문이다.
3. 표고標高(바다의 면이나 어떤 지점을 정하여 수직으로 잰 일정한 지대의 높이)의 차이에 따라 지구의 중심으로부터의 거리가 약간씩 변화하기 때문이다. 중력 가속도의 값은 표고 마이너스 2미터·북위 35도인 도쿄의 하네다에서 9.7975962, 표고 3미터·북위 45도인 홋카이도의 와카나이에서 9.8060426, 표고 21미터·북위 26도인 오키나와의 나하에서 9.7909592가 된다(일본 국립 천문대의 자료).

지진의 가속도를 나타내는 단위

지진의 흔들림에 따른 가속도의 크기를 나타내는 단위로 갈(Gal)이라는 것이 있다. 1갈은 1cm/s^{2}인 가속도의 크기를 나타낸다. 지구 표면의 중력 가속도는 981갈이다.

047
물리

줄의 법칙

Joule's law

니크롬선에 전류를 흘려보내면 뜨거워진다

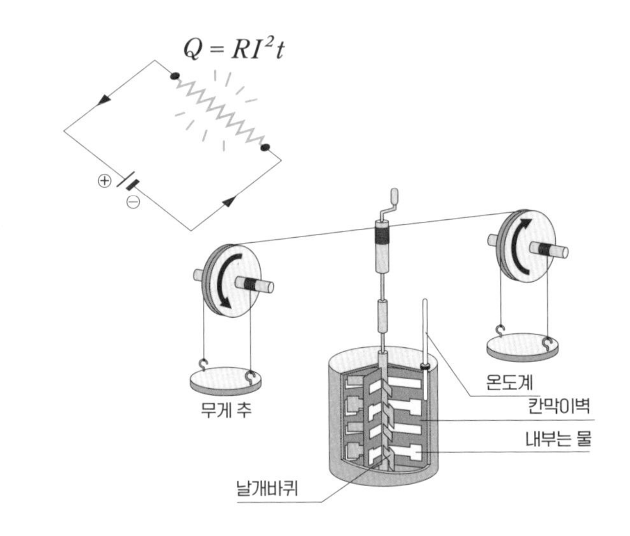

정의

도선에 전류를 흘려보냈을 때 발생하는 열량은 도선의 저항과 전류의 제곱의 곱에 비례한다.

발견자

제임스 줄 James Prescott Joule (1818~1889, 영국의 물리학자)

수식

$$Q = RI^2t$$ 또는 $$Q = VIt$$

Q : 줄열(J) V : 전압(V)
R : 저항(Ω) I : 전류(A)
t : 전류가 흐른 시간(s)

제임스 줄이 활동한 때는 1769년에 제임스 와트가 산업 혁명의 원동력이 된 증기 기관을 발명한 지 100년에 가까운 시간이 흐른 시대로, 사회 곳곳에서 증기 기관이 널리 활약하고 있었다. 그러나 증기 기관은 연료로 쓰이는 석탄이 지닌 에너지의 10분의 1 정도밖에 힘으로 추출하지 못한다는 단점이 있었다. 이에 줄은 열이나 전기가 힘으로 바뀌는 메커니즘을 연구했고, 에너지는 형태를 바꾸더라도 보존된다는 '에너지 보존의 법칙(열역학 제1법칙과 같다)'을 확립했다.

당시는 줄 이외에 독일의 의사이자 물리학자인 율리우스 L. 마이어 등도 에너지 보존의 법칙을 제안했다. 그때는 에너지가 형태를 바꿀 때의 변환 효율을 향상시키면 에너지를 낭비 없이 사용할 수 있으리라는 생각에서 연구가 활발히 진행되던 시대였다.

줄의 실험이란?

줄은 당시 실용화되기 시작한 전지電池(1800년에 알레산드로 볼타가 발명, 물질의 변화로 방출되는 에너지를 전기 에너지로 변환하는 소형 장치)를 두고 여러 가지 다양한 실험을 했다. 실험을 거듭한 끝에 1840년에 '도선에 전류를 흘려보냈을 때 발생하는 열(이것을 줄열이라고 한다)의 크기는 도선의 저항과 전류의 제곱의 곱에 비례한다'라는 줄의 법칙을 발견했다.

그 후, 1845년에 물이 들어 있는 용기 속에 날개바퀴를 설치하고, 이를 중력으로 낙하하는 무게 추의 힘을 사용해 회전시키는 장치(앞의 그림 참고)를 만들었다. 이는 외부에서 물에 주어진 작업량과 수온의 상승에서 발생한 열량의 관계를 조사하기 위한 장치로, 이것이 그 유명한 '줄의 실험'이다. 이와 같은 실험을 반복함으로써 줄은 물의 온도 섭씨 1도를 높이기 위해 필요한 열량 1칼로리는 4.186줄(J)임을 발견했다.

열량의 단위 줄은 당연히 물리학자 줄의 이름을 딴 것이다. 1줄은 '1뉴턴의 힘이 그 힘의 방향으로 물체를 1미터 움직일 때의 일량'으로, 1J=1N×m이 된다.

048
천문

슈푀러의 법칙

Spörer's law

나비의 날개를 닮은 태양 흑점의 주기

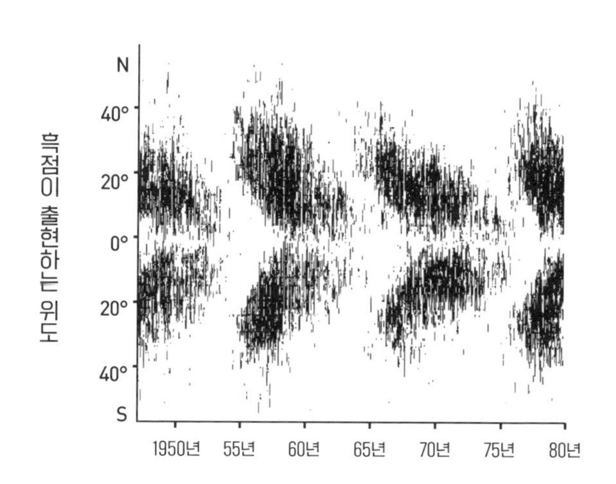

정의	태양 흑점이 나타나는 위도는 주기적으로 변화한다.
발견자	구스타프 슈푀러Friederich Wilhelm Gustav Spörer(1822~1895, 독일의 천문학자)

태양의 지름은 약 139만 2,000킬로미터로 무려 지구의 109배나 된다. 태양의 표면에는 흑점으로 불리는 검은 얼룩 같은 것이 나타나는데 이는 태양의 내부에서 튀어나오는 강렬한 자기의 띠다(크기는 큰 경우 지름이 수만 킬로미터에 이르기도 한다). 흑점이 검게 보이는 이유는 주위보다 온도가 낮기 때문이다. 태양 표면의 온도가 약 섭씨 6,000도인 데 비해 흑점의 온도는 섭씨 4,000도 정도밖에 되지 않는다.

태양은 11년을 주기로 활동이 강해지거나 약해지는데 활동이 활발할 때는 흑점의 수가 많고 반대로 활발하지 않을 때는 수가 줄어든다. 이러한 증감 주기를 두고 '태양 흑점 주기'라고 한다. 이 주기는 스위스의 천문학자인 루돌프 볼프(1816~1893)가 만들어낸 것으로, 1755년부터 1766년까지를 제1주기로 삼고 그 뒤로는 순서대로 카운트되고 있다.

흑점은 태양의 적도부터 위도 35도 이내에서 많이 나타나고 태양의 활동 주기에 맞춰 위치도 변화한다. 새로운 태양 흑점 주기가 시작되면 위도 ±35도 부근에 나타났다가 점차 적도에 가까워지는 모습을 보인다. 그리고 위도 ±10도 부근에서 극대기(태양의 11년 주기 중 활동이 가장 왕성한 기간)를, ±5도 부근에서 극소기를 맞이한 뒤 다시 위도 ±35도 부근에 나타나기 시작한다.

이처럼 흑점이 보이는 위치의 규칙성을 발견한 사람은 리처드 캐링턴(1826~1875)이지만 그 후 슈푀러가 더 자세히 분석했기 때문에 슈푀러의 법칙이라고 불린다. 이 규칙성을 그래프에 표시하면 나비가 날개를 펼친 것 같은 패턴이 이어진다고 해서 버터플라이 다이어그램이라고 부르기도 한다.

흑점이 지구에 끼치는 영향

흑점의 수는 태양 활동의 기준이 되기 때문에 증감 상황을 조사하면 여러 가지 재미있는 사실을 알 수 있다. 태양 활동의 변동에는 편차가 있어 극대기인데도 흑점의 수가 매우 적을 때도 있다. 흑점이 적은 시기로 1420년부터 1540년까지의 슈푀러 극소기, 1645년부터 1715년까지 마운더 극소기, 1790년부터 1820년까지 댈튼 극소기가 주로 알려져 있다.

태양 활동의 변화는 지구가 받는 열량을 변화시키기 때문에 기후에 큰 영향을 끼친다. 따라서 태양의 활동이 활발하지 않은 시기에는 날씨가 추워진다. 특히 마운더 극소기는 중세시대 소빙하기의 원인으로 알려져 있다.

049
물리

스넬의 법칙

Snell's law

빛이 굴절하는 원리가 밝혀지다

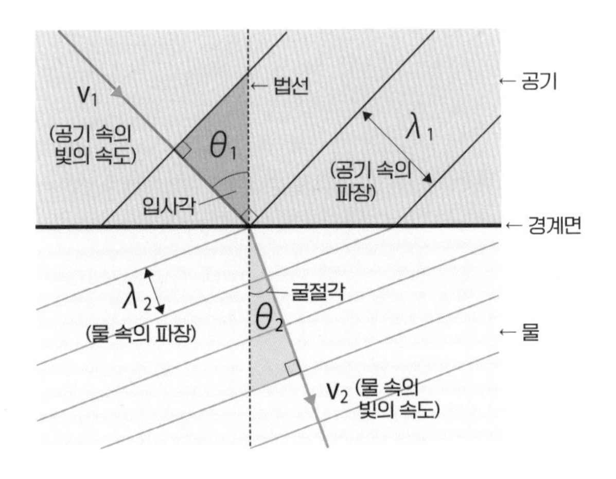

정의	다른 두 매질(물리적 작용을 한 곳에서 다른 곳으로 옮겨 주는 매개물) 사이에서 입사각과 굴절각의 sin의 비는 두 매질의 굴절률의 비와 같다.
발견자	빌러브로어트 스넬Willebrord Snel van Royen(1591~1626, 네덜란드의 과학자)
수식	$\frac{\sin\theta_1}{\sin\theta_2} = \frac{v_1}{v_2} = \frac{\lambda_1}{\lambda_2}$

θ_1 : 입사각 θ_2 : 굴절각
v_1 : 입사 측 매질 속에서의 빛의 속도
v_2 : 굴절 측 매질 속에서의 빛의 속도
λ_1 : 입사 측 매질 속에서의 빛의 파장
λ_2 : 굴절 측 매질 속에서의 빛의 파장

욕탕에 들어가 있을 때 자신의 발을 보면 실제로 발이 있는 위치보다 조금 더 위쪽에 떠 있는 것처럼 보인다. 이것은 빛의 굴절이 만들어내는 현상이다. 다른 매질, 예를 들어 공기와 물 사이를 빛이 지나갈 때는 경계면(수면)에서 빛의 경로가 변화한다. 이것은 공기 속과 물속에서 빛의 속도가 각기 다르기 때문이다.

공기 속에서의 광속은 진공 속과 거의 같은 초속 약 30만 킬로미터다. 그러나 빛의 속도가 물속에서는 굴절률만큼 느려진다. 물의 굴절률은 1.33이므로, 물속에서의 광속은 초속 약 23만 킬로미터가 된다.

앞의 그림처럼 공기 속에서 물속으로 향하는 빛은 법선과 이루는 각도가 살짝 작아진다. 물속에서는 빛의 속도가 느려지므로 매질의 경계면(이 경우는 수면)에 빛이 비스듬하게 입사하면 빛의 파면波面이 비스듬하게 경계면에 닿게 되고, 먼저 경계면에 닿은 파의 파장이 짧아지기 때문에 빛의 진로가 바뀌는 것이다.

이때 법선을 빗변으로, 빛의 파장을 밑변으로 삼는 삼각형을 보면, 공식처럼 굴절각(θ_2)과 입사각(θ_1), 물속의 파장(λ_2)과 공기 속의 파장(λ_1)이 일정한 관계에 있음을 알 수 있다. 스넬의 법칙은 빛의 굴절에 관한 법칙이기에 굴절의 법칙이라고도 불린다.

반대로 물속에서 밖으로 빛이 나갈 때는?

공기 속에서 물속으로 나아갈 때는 빛이 굴절하는데, 반대로 물속에서 공기 속으로 발사된 빛은 어떻게 될까? 입사각(수중 부분)이 작을 때는 경계면(수면)에서 굴절해서 밖으로 나가지만(일부의 빛은 경계면에서 반사된다), 굴절률이 큰 매체에서 굴절률이 작은 매체로 향하는 빛은 어떤 입사각을 넘어서면 모든 빛이 반사되어 밖으로 나가지 못한다. 이것을 전반사라고 하며, 이때의 각도(입사각)를 임계각이라고 부른다.

이 전반사를 이용한 것으로 광섬유가 있다. 광섬유는 중심부의 코어라고 부르는 부분이 굴절률이 큰 유리로, 바깥쪽은 굴절률이 작은 재료로 덮여 있다. 그래서 레이저 광선이 거의 감쇠되지 않고 광섬유 속을 수십 킬로미터나 나아갈 수 있다.

050
사회

세의 법칙

Say's law

만들면 팔리는 시대는 아니지만
'팔릴 양만큼만 만드는' 것도 바람직하지 않다

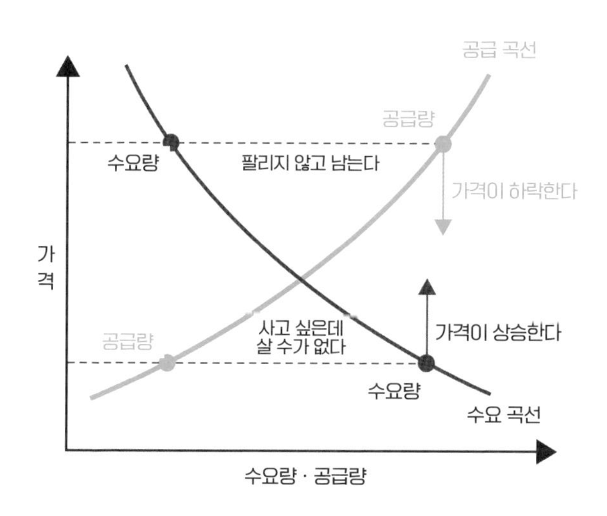

정의	공급은 그것과 같은 수요를 만들어낸다.
발견자	장 바티스트 세Jean-Baptiste Say(1767~1832, 프랑스의 경제학자)

세의 법칙은 18세기 프랑스의 상인이자 경제학자였던 장 바티스트 세가 제창한 법칙으로, 이는 판로의 법칙으로도 불린다. 이 법칙은 쉽게 설명하면 “만든 것은 전부 팔린다”라는 것이다. 이 책을 낸 출판사의 관계자가 들으면 눈물을 흘리며 기뻐할 것 같은 법칙이지만 안타깝게도 현실은 그렇지가 않다. 세계의 경제 시스템이 미숙했던 18세기에 만들어진 내용임을 생각하면 이는 어쩔 수 없는 일이다.

예시를 통해 법칙을 설명하자면 다음과 같다. 디지털 카메라 시장이 있다고 가정해보자. 수요와 공급이 균형을 이루고 있는 동안에는 아무런 문제가 생기지 않지만 제품의 판매량이 하락하면 재고가 늘어난다. 그러나 이때 상품의 가격을 내리면 다시 잘 팔리게 될 것이며, 가격은 수요와 공급이 전처럼 균형을 이룰 때까지 하락하게 된다.

세의 법칙은 이와 같이 일단 상품을 만들면 시장에서 가격 조정 기능이 작용해 전부 다 팔리게 된다는 발상이다. 이러한 고전적인 이론을 비판하며 등장한 것이 지금도 힘을 발휘하고 있는 케인스의 경제 이론이다. 존 케인스는 수요가 공급을 결정한다고 생각했다. 즉, 소비자가 원하는 만큼만 생산하는 것이 바람직하다는 것이다.

일본은 1990년대 초반에 버블 경제가 붕괴된 이래 20년 가까이 디플레이션에 신음해왔다. 물가가 점점 하락하고 급여도 감소하면서 수요가 얼어붙었고, 수요 감소로 생산량을 줄인 기업은 그 결과 이익이 감소함에 따라 사원의 급여를 삭감하거나 구조 조정을 할 수밖에 없었다. 이런 지옥 같은 시대가 계속되었다. 케인스의 경제 이론대로라면 디플레이션은 올바른 것인지도 모르지만 현실의 디플레이션은 사실 악마와도 같다.

게다가 정부의 빚을 줄여야 한다거나 지출을 절약해야 한다고 주장하는 정치가가 다수 등장했다. 조금만 더 생각해보면 알 수 있는 사실이지만 허리띠를 졸라매기만 하면 언젠가는 아무것도 남지 않게 된다. 수요가 없으니 공급을 줄이라는 것은 언뜻 듣기엔 합리적으로 느껴질지 모르나 결국 근시안적인 생각인 것이다. 그러므로 고전적인 세의 법칙도 아직 완전히 수명을 다했다고는 볼 수 없다.

051
논리

제논의 역설

Zeno's paradoxes

연속과 무한은 영원한 싸움

날아가는 화살의 역설

시간 · 공간

시간도 공간도 무한히 분할할 수 있다
따라서 정지한 순간은 있을 수 없다

정의	계속 분할할 수 있는 무언가가 있다면 그것은 무한소이자 무한대다.
발견자	엘레아의 제논Zeno of Elea(기원전 495~430, 고대 그리스의 철학자)

계속 분할해 나갈 수 있는 무언가가 있다면 그 크기는 무한소인 동시에 무한대다. 만약 무한히 분할한 어떤 존재가 크기를 갖고 있지 않다면 그것을 모은 것도 크기를 갖지 않으며, 무한히 분할한 다른 무언가가 크기를 갖고 있다면 그것을 모은 것은 무한대가 된다.

제논은 기원전 6세기에 이탈리아 남부의 엘레아에서 시작된 엘레아학파의 철학자다. 엘레아학파의 철학은 존재는 단 하나이며 영원하다는 것으로, 무엇이든 작은 요소로 환원하는 피타고라스학파의 철학과 대립했다. 이 역설은 제논이 피타고라스학파를 비판하고 엘레아학파를 옹호하기 위해 생각해낸 것이다.

날아가는 화살의 역설

제논은 날아가는 화살의 운동을 작게 분할해서 생각하면 역설이 발생한다고 주장했다. 날아가는 화살이 하나 있다. 이것을 짧은 시간으로 분할해 나가면 그 한순간은 거의 멈춘 듯이 보이며, 그 사이에는 아주 짧은 거리밖에 나아가지 못한다. 그리고 시간을 더욱 작게 분할해 나가면 화살은 그 순간순간에 멈춰 있게 된다. 따라서 화살은 움직이지 못한다.

이렇게 생각하며 날아가는 화살이 사실은 멈춰 있다

고 말하는 것이 이 역설이다. 물론 그런 일은 불가능하지만 있을 수 없는 일임에도 불구하고 설명을 들으면 논리적으로 옳은 것처럼 여겨진다. 그래서 역설인 것이다. 이 역설은 시간과 공간이 모두 연속된 존재임에도 불구하고 그것을 억지로 분할함에 따라 일어나는 모순이다.

아킬레스와 거북의 역설

아킬레스는 그리스 신화에서 발이 빠르기로 유명한 영웅이다. 한번은 아킬레스가 거북이와 경주를 하게 되었다. 아킬레스는 빠르고 거북이는 느리기 때문에 아킬레스는 뒤쪽의 A지점, 거북이는 그보다 약간 앞에 있는 B지점에서 동시에 출발하기로 했다.

아킬레스가 B지점에 도달했을 때 거북이는 그보다 약간 앞선 위치(C지점)에 있게 된다. 아킬레스는 곧 C지점에 도착하게 되지만 이때 거북이는 조금 더 앞선 위치인 D지점에 있을 것이다. 이런 상태가 무한히 계속되므로 아킬레스는 영원히 거북이를 따라잡을 수 없게 된다. 이것이 역설이다. 이 또한 연속성이 있는 공간을 무한히 분할했기 때문에 생겨난 모순이다.

052
생물

실무율

All-or-none law

신경 세포는 디지털적으로 움직인다

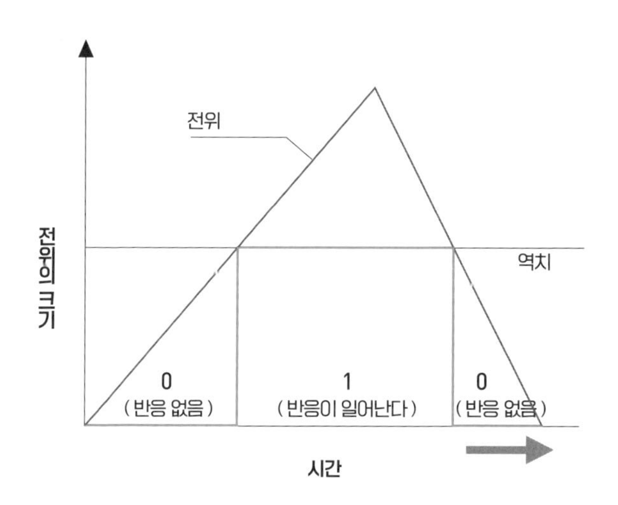

정의

신경 섬유나 근육 섬유는 자극이 일정한 값(역치)의 미만일 때는 반응하지 않으며, 그 이상일 때는 자극의 강도와 상관없이 최대의 반응을 보인다.

인체에는 구석구석까지 신경계 네트워크가 퍼져 있다. 뇌나 척수 속에 있는 중추 신경부터 말초 신경에 이르기까지 몸의 곳곳에 퍼져 있는 신경계 네트워크가 지각과 운동 등의 정보를 뇌에 전달한다.

이때 신경 섬유는 전기 신호를 통해 정보를 전달하는데, 신경은 일정 수준 이상의 전위가 가해지지 않으면 반응하지 않는다. 어떤 수준 이상의 신호가 왔을 때 비로소 반응하며 신호를 이웃한 신경 섬유에 전달한다. 그리고 더 큰 전위가 가해진다 해도 반응이 더 커지지는 않는다. 요컨대 일정 수준의 신호를 경계로 '온on' 혹은 '오프off'가 결정되는 것이다. 이것은 우리 몸이 컴퓨터처럼 디지털 방식으로 신호를 처리하고 있다는 뜻으로도 볼 수 있다. 컴퓨터는 정보를 0과 1이라는 2개의 숫자로 치환해서 계산하는데, 신경 섬유 역시 우리 몸속에서 이와 같은 방식으로 신호를 처리하고 있는 셈이다.

신경 섬유나 근육 섬유의 이런 기능을 '실무률'이라고 부른다. 다만 인체의 신경 세포나 근육 세포는 다발을 이루고 있으며, 각 섬유에 따라 역치에 편차가 있기 때문에 전체가 이 법칙을 따르는 것은 아니다.

이와 같은 것으로는 뉴런 발화가 있다. 뉴런(신경 세포)에 일정 역치를 넘어선 신호가 들어오면 뉴런은 즉시 반응한다. 이것을 '뉴런 발화'라고 한다.

실무율은 영어로 'All-or-none law'라고 하며, 한자로도 실悉은 '전부', 무無는 '없음'이라는 뜻이다. 다시 말해 이 법칙은 '실인가, 무인가?'라는 참으로 철학적·문학적인 표현으로 쓰인 것인데, 사실 '0인가, 1인가?' 아니면 '온인가, 오프인가?'라고 말하는 편이 더 쉽게 이해될지도 모르겠다.

뉴런의 원리를 응용한 기계

뉴런 발화의 원리를 응용해서 계산하는 컴퓨터, 뉴런 컴퓨터가 개발되고 있다. '실인가 무인가, 즉 1인가 0인가'라는 발상은 컴퓨터의 계산 방법과 같기 때문이다. 다만 이 컴퓨터는 아직 실현되지는 않았다.

053
수학

큰 수의 법칙

law of large numbers

빅데이터의 원리

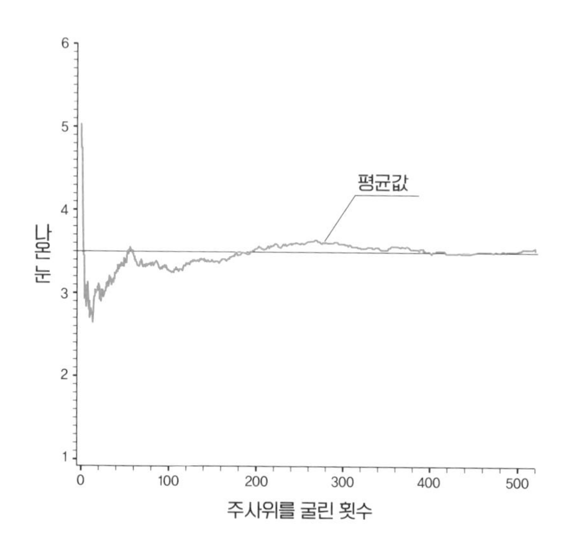

정의 시행 횟수를 늘릴수록 어떤 일정한 수치에 가까워진다.

발견자 안드레이 콜모고로프Andrey Nikolaevich Kolmogorov(1903~1987, 러시아의 수학자)

수식

$$P\left(\lim_{n\to\infty}\frac{X_1+X_2+\cdots X_n}{n}=\mu\right)=1$$

주사위를 굴려 원하는 숫자가 나오게 하려면 몇 번 정도 시도해야 할까? 주사위는 6개의 면이 있으므로 1부터 6까지의 숫자 중 하나가 나올 확률이 6분의 1이다. 그러므로 주사위를 6회가량 굴리면 원하는 숫자가 나와야 하겠지만 실제로 해보면 꼭 그렇지도 않다.

대신 횟수를 늘려 10회 정도 굴리면 원하는 숫자가 1번쯤은 나올 것이다. 나아가 30, 40회 정도 굴린다면 1번을 넘어서 여러 번 나오게 된다. 이처럼 확률은 시행 횟수를 늘리면 이론적인 수치에 가까워진다. 이것을 '큰 수의 법칙'이라고 하며, 러시아의 수학자인 안드레이 콜모고로프가 발견했다.

기획이나 마케팅을 할 때 시장 조사 단계에서는 표본의 수가 너무 적으면 오차가 커지기 때문에 가급적 많은 표본을 구하려 하는데, 이 또한 큰 수의 법칙을 응용한 것이다. 다만 표본의 수를 지나치게 많이 늘리면 비용을 낭비하게 되므로 유효한 수치가 나오는 최소한의 표본 수로 조사한다. 가령 아날로그 텔레비전 시절에는 전국 1,000가구를 대상으로 시청률을 조사했다. 일본 전체에 5,000만 세대가 있는데 고작 1,000세대를 대상으로 조사한다니 너무 적지 않느냐고 생각할 수 있지만 사실 그 정도로도 충분히 유효한 수치가 나온다.

큰 수의 법칙에는 여기에서 이야기한 콜모고로프의 법칙 이외에 야코프 베르누이(베르누이의 정리를 발견한 다니엘 베르누이의 삼촌)의 큰 수의 법칙도 있다. 전자를 '큰 수의 강법칙', 후자를 '큰 수의 약법칙'이라고 한다.

두 법칙은 거의 비슷하지만 계산 방법이 다르다. 가령 주사위를 굴렸을 때 각각의 눈이 나올 확률은 6분의 1인데, 강법칙에서는 6분의 1이 되지 않을 확률이 앞의 공식을 통해 0임을 알 수 있으며, 약법칙에서는 그 확률이 6분의 1에 수렴한다는 결과가 나온다.

짐작은 틀리지만 과학은 답을 찾는다

집중 호우가 며칠씩 계속되거나 기온이 높은 날이 연달아 이어지면 '이상 기후인가?'라는 생각이 들기 마련이다. 그러나 기상청에서는 30년에 1번 정도 일어나는 아주 특이한 현상만을 두고 이상 기후라고 부른다.

이 기준으로 생각하면 비가 많이 내린다거나 고온이 계속된다는 인상을 받더라도 이상 기후가 전혀 아닌 경우가 훨씬 더 많다. 이렇듯 큰 수의 법칙은 사건을 객관적으로 보려면 많은 실험이나 정보가 필요하다는 사실을 가르쳐준다.

054
물리

달랑베르의 역설
D'Alembert's paradox

점성이 없는 완전 유체는 존재하는가?

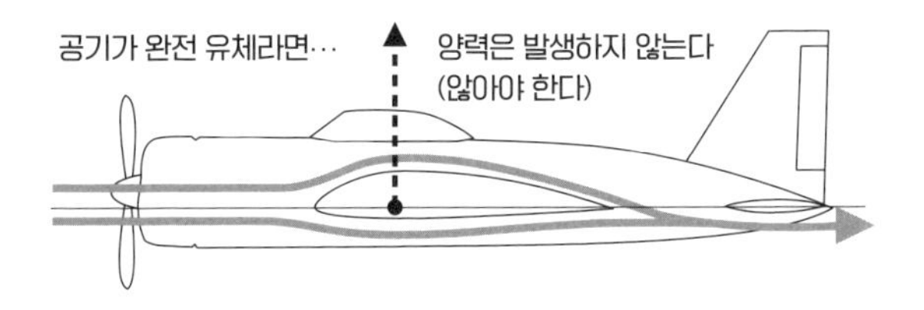

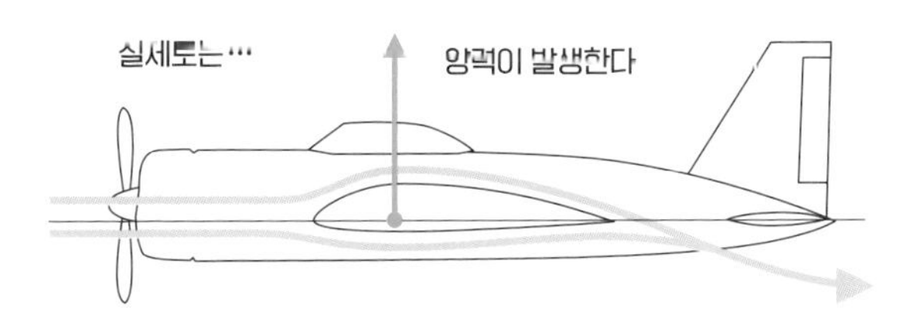

정의	점성이 없는 완전 유체 속을 등속 직선 운동하는 물체에는 힘이 작용하지 않는다.
발견자	장바티스트 달랑베르Jean-Baptiste le Rond d'Alembert(1717~1783, 프랑스의 수학자 · 물리학자 · 철학자)

프랑스의 수학자인 달랑베르는 1744년에 유체의 성질을 연구해 점성이 없는 완전 유체 속에서 등속 직선 운동을 하는 물체에는 저항이 작용하지 않는다는 이론을 발표했다. 그러나 실제로는 흐르는 물에 손을 집어넣으면 커다란 힘(저항)을 느끼게 된다. 이와 같이 이론과 실제가 다른 것을 '달랑베르의 역설'이라고 부른다.

또한 같은 무렵에 발표된 베르누이의 정리도 완전 유체라는 전제 아래 만들어졌다. 만약 공기가 완전 유체라면 기류와 비행기의 날개에는 양력도 저항도 생기지 않아야 하지만 실제로는 양력과 저항 모두 발생한다. 이것은 날개 표면의 수 밀리미터에 불과한 경계층(표면과의 마찰로 유속이 변화하는 영역) 부분에서 전단 응력(세로 방향의 힘)이 발생해 날개의 표면을 따라 기류가 흐르기 때문이다. 이것도 점성이 없다는 전제에서는 이론적으로는 양력이 발생하지 않아야 하지만 실제로는 발생하기 때문에 '베르누이의 역설'로 불리기도 한다.

달랑베르는 드니 디드로와 함께 여러 분야의 지식을 한데 모은 책 『백과전서』를 편찬한 것으로도 유명하다. 또한 운동 이론과 유체 역학 연구로도 널리 알려져 있다. 그는 과학자인 동시에 철학과 문학의 연구자로서도 일류였다. 과학과 문학에 모두 정통한 지식인이었기에 『백과전서』라는 업적을 남길 수 있었던 것이다.

점성을 고려하면 계산이 불가능하다!?

유체의 운동을 생각할 때는 단순하게 '점성이 없는 완전 유체'로 생각하는 편이 계산하기 편하다. '점성을 공기 분자의 층위까지 고려하면 변수가 너무 많아져서 계산이 사실상 불가능해지기 때문이다.

유체의 점성을 고려하면서 유체가 물체에 끼치는 압력이나 저항을 계산할 때는 '나비에-스토크스 방정식'을 사용한다. 이는 점성을 가진 유체에 대한 일반적인 방정식이자 유체 역학의 기초라고 할 수 있는 방정식으로, 유체의 운동은 주로 이 식으로 기술한다.

그러나 이 방정식을 사용하더라도 근삿값 정도만 구할 수 있다. 그래서 실제로는 스케일 모델을 만들어 풍동 실험(모형 또는 실물 시험체가 바람에서 받는 영향 또는 그 주변의 기류 성상에 미치는 영향을 조사하기 위해 풍동을 사용해서 실시하는 실험)을 함으로써 최종 결정을 내린다.

Part. 3

055
물리

단면적의 법칙

area rule

어쩌면 콜라병은 초음속으로 날 수 있을지도…

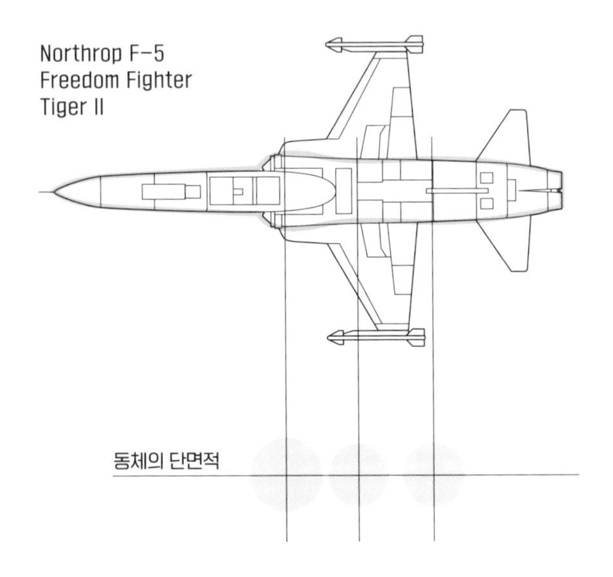

정의	고속으로 비행하는 물체는 앞쪽 끝부터 뒤쪽 끝까지 단면적을 일정하게 만들면 충격파의 영향을 줄일 수 있다.
발견자	리처드 T. 휘트컴Richard T. Whitcomb(1921~, 미국 NASA 연구원)

1945년에 제2차 세계 대전이 끝난 뒤 비행기는 제트기의 시대를 맞이했다. 제트기는 원리상 음속을 뛰어넘는 속도로 비행할 수 있지만 당시는 좀처럼 음속의 벽을 돌파하지 못했다. 비행기가 음속에 도달하면 충격파가 발생하고 이것이 커다란 저항(조파 저항, 유체 속을 운동하는 물체가 파동을 일으킴으로써 받는 저항)이 되기 때문에 비행기는 이 이상 가속을 하지 못했다. 또한 비정상적으로 기수가 처지는 등 통상적인 비행에서는 생각할 수 없는 현상이 나타났다.

이에 NACA(현재의 NASA의 전신) 랭글리 연구소의 리처드 T. 휘트컴은 천음속 풍동(음속에 육박하는 바람을 일으켜서 시험하는 풍동, 대형 팬과 모터에 의해 바람을 불어내므로 연속적인 시험이 가능하다)에서 실험을 거듭한 결과, 비행기가 음속에 도달했을 때 발생하는 조파 저항의 값이 탄환처럼 유선형을 띤 물체와 유사하다는 사실을 발견했다. 비행기의 동체는 탄환의 형태에 가까운 유선형이지만 중앙 부분에는 주날개가 튀어나와 있는데 바로 이 날개가 초음속 비행을 방해하고 있었던 것이다.

그러나 주날개를 없애면 비행기는 날 수가 없다. 그래서 휘트컴은 주날개가 달려 있는 부분의 동체를 가늘게 만들어 동체와 주날개를 포함한 단면적이 그 앞뒤와 같아지도록 만들면 될 것이라고 판단했다. 바로 이것을 '단면적의 법칙'이라고 한다.

단면적의 법칙을 적용해 음속을 돌파한 비행기

단면적의 법칙을 적용한 최초의 비행기는 컨베어 F-102A 델타 대거라는 삼각익(초음속 항공기의 세모꼴 날개)을 가진 전투기다. 이 전투기는 본래 F-102라는 명칭으로 초음속 비행을 목표로 설계되었는데, 도저히 음속을 돌파할 수가 없었다. 그래서 단면적의 법칙을 적용해 동체의 중앙 부분을 가늘게 만들었더니 조파 저항이 크게 감소해 음속을 돌파할 수 있었다고 한다. 이때가 1954년이다.

여담이지만 흔히 볼 수 있는 콜라병은 한가운데 부분이 잘록한 독특한 모양으로 유명한데, 이것이야말로 단면적의 법칙이 제대로 적용된 디자인인지도 모른다.

056
물리

힘의 평행사변형 법칙

Parallelogram law

합쳐진 힘은 평행사변형의 대각선과 같다

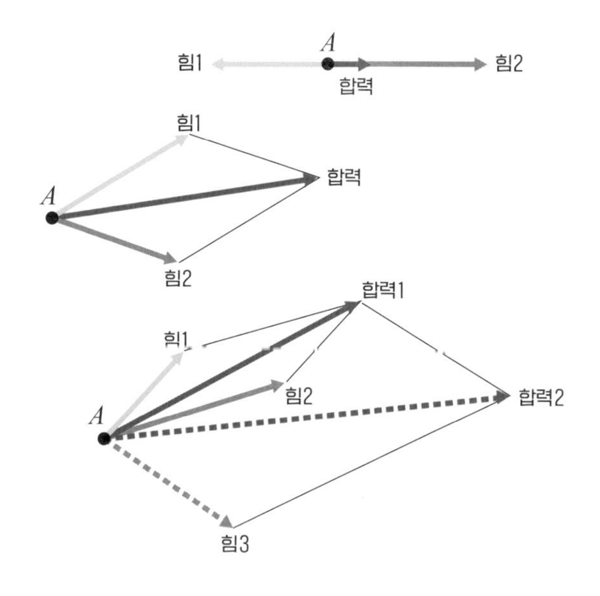

정의

한 점에서 나란하지 않은 두 방향의 힘이 작용할 때, 두 힘을 이웃한 변으로 삼는 평행사변형의 대각선이 바로 두 힘이 합쳐진 것과 같다.

수식

$$\vec{F} = \vec{F_1} + \vec{F_2}$$

F : 합력(N)
F_1 : 힘1(N)
F_2 : 힘2(N)

무거운 짐을 두 사람이 함께 든다고 생각해보자. A가 왼손으로, B가 오른손으로 짐을 들었을 때 힘은 어떻게 작용할까? 이 경우는 A의 팔에 작용하는 힘과 B의 팔에 작용하는 힘을 이웃한 변으로 삼는 평행사변형의 대각선의 방향과 크기로 힘이 작용한다고 생각할 수 있다.

어떤 점 A에 하나의 힘이 작용할 때 그 힘은 크기와 방향이라는 두 요소를 가지고 있으므로 점 A에서 뻗어 나오는 하나의 화살표로 나타낼 수 있다. 만약 점 A에 물체가 놓여 있다면 힘이 작용하는 방향으로 움직이게 된다.

그리고 반대 방향에서 같은 크기의 다른 힘이 작용하고 있을 때는 점 A에서 뻗어 나오는 방향이 정반대이고 길이가 같은 화살표로 또 한 번 힘을 나타낼 수 있다. 이 때 점 A에 놓여 있는 물체는 양쪽에서 같은 크기의 힘을 받고 있으므로 움직이지 않는다.

그렇다면 점 A에서 각각 다른 방향으로, 각기 다른 크기의 두 힘이 작용하고 있을 경우는 어떻게 될까? 점 A에 놓여 있는 물체에는 두 힘을 합친 힘이 작용한다. 이 힘이 바로 합력이다. 이 합력의 크기와 방향은 점 A에 걸리는 두 힘의 크기와 방향을 이웃한 변으로 삼는 평행사변형의 대각선의 길이와 방향으로 나타낼 수 있다. 이것이 '힘의 평행사변형 법칙'이다.

셋 이상의 힘이 작용하고 있을 때도 마찬가지다. 먼저 두 힘을 이웃한 변으로 삼는 평행사변형을 만들어서 합력을 구한 다음, 그 합력과 나머지 힘으로 새로운 평행사변형을 만들어서 값을 구하면 전체의 합력을 알 수 있다.

계산해보자

두 힘이 서로 직각 방향으로 작용하고 있을 경우에는 힘의 직사각형이 만들어진다. 이때도 x방향(가로 방향)으로 작용하는 힘과 y방향(세로 방향)으로 작용하는 힘의 합력은 두 힘의 대각선으로 나타낼 수 있다.

예를 들어 자동차 완구에 끈을 달고 바닥과 30도 각도로 자동차를 끌어당겼다고 가정하자. 이때 끌어당기는 힘이 20N이라면 수평 방향과 수직 방향의 힘의 크기는 얼마가 될까?

수평 방향의 힘 Fx

20×cos30=Fx 이므로, 20×0.866=17.32(N)

수직 방향의 힘 Fy

20×sin30=Fy 이므로, 20×0.5=10(N)

057
화학

정비례의 법칙·배수 비례의 법칙

Law of definite proportions/Law of multiple proportion

물은 항상 수소 원자 2개와 산소 원자 1개로 만들어진다

정비례의 법칙

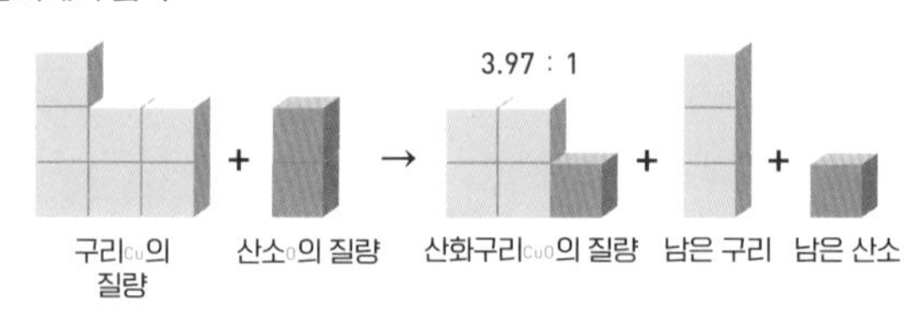

배수 비례의 법칙

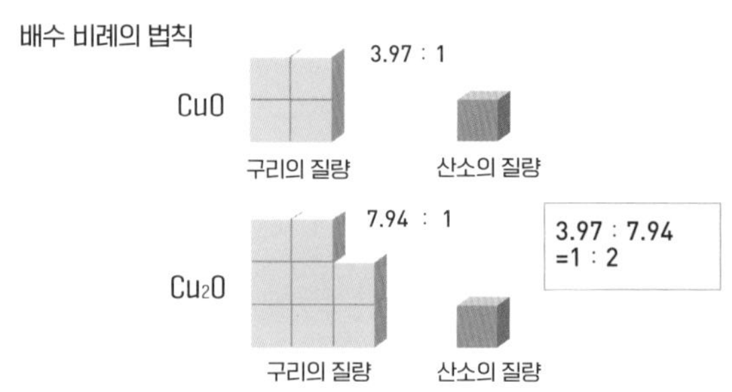

정의

[정비례의 법칙] 화합물을 구성하는 원소의 질량비는 일정하다.

[배수 비례의 법칙] 두 종류의 원소가 화합해서 몇 가지의 화합물이 생길 때, 한쪽 원소의 일정량과 화합하는 다른 원소의 질량비는 정수가 된다.

발견자

조제프 프루스트Joseph Louis Proust(1754~1826, 프랑스의 화학자)
존 돌턴

질량 보존의 법칙과 함께 정비례의 법칙, 배수 비례의 법칙은 화학의 가장 기본적인 법칙이다.

정비례의 법칙

정비례의 법칙 혹은 일정 성분비의 법칙은 1799년에 프랑스의 화학자인 조제프 프루스트가 발견한 법칙이다. 물질 A와 물질 B가 화합해 물질 C가 생기는 반응이 있을 때, 물질 A와 물질 B의 양을 어떻게 바꾸든지 간에 반응 후에 생기는 물질 C에서 물질 A와 물질 B의 질량비는 항상 일정하다는 법칙이다.

예를 들어 구리와 산소가 화합해서 산화구리가 생겨나는 반응의 경우, 구리와 산소의 양을 이리저리 바꾸너라도 반응을 통해서 생겨난 산화구리의 구리와 산소의 질량비는 항상 3.97 대 1로 일정하다. 초과하는 분량은 반응하지 않고 남는 것이다.

배수 비례의 법칙

배수 비례의 법칙은 1803년에 존 돌턴이 발견한 법칙이다. 구리와 산소가 화합해 산화구리가 생겨나는 반응에서는 두 종류의 산화구리(CuO와 Cu_2O)가 만들어지는데, 이때 각각의 물질의 성분을 구성하는 원소의 질량비의 관계는 다음과 같다.

CuO의 경우 → Cu의 질량 : O의 질량 = 3.97 : 1

Cu_2O의 경우 → Cu의 질량 : O의 질량 = 7.94 : 1

이것을 보면 일정 질량의 산소와 화합하는 구리의 질량비가 3.97:7.94, 즉 1:2로 정수비가 되는 것을 알 수 있다. 이처럼 두 종류의 원소가 화합해 여러 종류의 화합물이 생겨날 때, 한쪽 원소의 일정량과 화합하는 다른 쪽 원소의 질량비는 정수가 되는 것을 두고 배수 비례의 법칙이라고 한다.

물질의 근원을 추구하기 시작하다

돌턴은 물질이 원자로 구성되었다고 생각한다면 질량 보존의 법칙, 정비례의 법칙, 배수 비례의 법칙을 전부 모순 없이 설명할 수 있음을 깨달았다. 그리고 1803년, 물질은 그 이상 분할할 수 없는 원자로 구성되어 있다는 '원자설'을 제창했다. 이것을 '돌턴의 원자설'이라고 부른다.

돌턴이 원자라는 개념을 만듦에 따라 물질의 근원을 탐구하는 물리학이 크게 발전하기 시작했다.

058
전기

패러데이의 전자기 유도 법칙

Faraday's law of induction

자석을 넣으면 전류가 발생한다

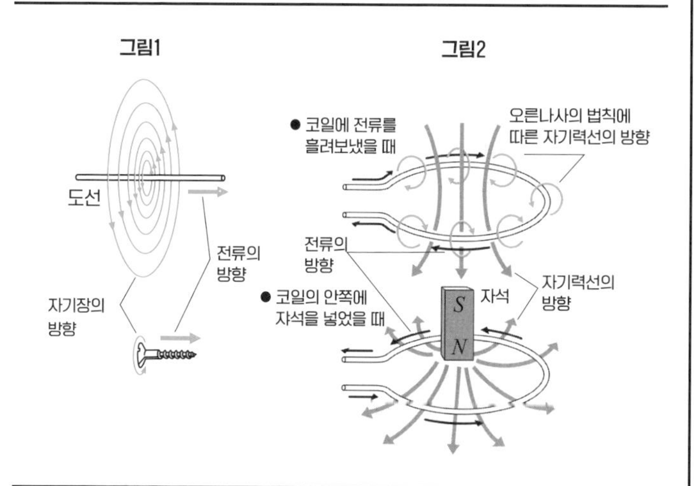

정의

닫힌회로의 도선(코일)을 자속(일정 면적을 가진 자기력선의 다발)이 통과할 때, 회로의 양 끝에 기전력(전압)이 발생해 회로에 유도 전류가 흐른다. 기전력의 크기는 자속의 변화 속도와 코일을 감은 횟수에 비례하며, 회로를 흐르는 전류는 자기력선의 변화를 방해하는 방향으로 흐른다.

발견자

마이클 패러데이Michael Faraday(1791~1867, 영국의 물리학자 · 화학자)

수식

$$\varepsilon = -n\frac{d\phi}{dt}$$

ε : 기전력
n : 코일을 감은 횟수
dφ/dt : 자속의 시간 변화

스피커의 앞면 커버를 벗겨내면 콘페이퍼(진동판)가 보인다. 스피커에서 소리가 나게 해보면 콘페이퍼가 진동함을 알 수 있는데, 이 진동이 공기의 소밀파(밀도의 변화 파장, 음파가 대표적이다)를 만들어 우리의 귀에 음악으로써 들리도록 하는 것이다.

콘페이퍼의 중심부는 코일로 연결되어 있으며, 코일의 주위에는 영구 자석이 있다. 음의 신호를 실은 전류를 흘려보내면 전류의 강약에 맞춰 코일이 진동하고 그 움직임이 콘페이퍼에 전달된다. 또한 마이크는 공기의 진동을 코일의 움직임으로 바꿔 자석 주위에서 움직이게 함으로써 전기 신호로 변환하는 과정을 거쳐 소리를 인식한다. 이처럼 스피커와 마이크 모두 전자기 유도의 원리를 응용한 장치인데, 전자기 유도란 자기장과 도체가 상대적으로 운동하고 있을 때 기전력이 발생하는 현상을 말한다.

1811년, 덴마크의 물리학자인 한스 외르스테드는 도선에 전류가 흐르면 그 주위에 자기장이 생긴다는 사실을 발견했다. 그리고 같은 무렵, 프랑스의 물리학자인 앙드레마리 앙페르는 전류와 그 주위에 생기는 자기장의 관계를 조사해 도선에 전류를 흘려보내면 시계 방향으로 자기장이 나아감을 발견했다(그림1). 이것이 오른나

사의 법칙이다.

1813년, 이 사실을 알게 된 패러데이는 반대로 자기장을 변화시키면 전류가 발생하는 것이 아닐까 하고 생각했다. 그래서 도선을 감은 코일 속에 막대자석을 넣었다 뺐다 해보니 실제로 코일에 전류가 흐르는 것을 발견할 수 있었다. 또한 발생하는 전류의 크기는 자석의 세기와 이를 넣고 빼는 속도에 비례했다. 막대자석을 움직이면 자속이 코일을 횡단하게 되므로 시계 방향의 자기장이 생겨난다. 그리고 이때 코일 속에 자속의 변화를 거스르는 방향으로 전류가 흐른다(그림2).

전류가 자속을 방해하는 방향으로 흐른다는 사실을 발견한 사람은 하인리히 렌츠라는 에스토니아의 물리학자다. 이를 렌츠의 법칙이라고 한다.

교통 카드도 전자기 유도를 응용한 것

버스나 지하철 등에서 원터치로 사용 가능한 비접촉형 교통 카드도 전자기 유도를 이용해서 카드에 전력을 보내는 방식을 사용한 것이다. 센서와 꽤 떨어져 있을 때 카드가 인식이 잘 되지 않는 것은 거리가 멀수록 기전력이 작아져서 통신이 불가능하기 때문이다.

059
물리

특수 상대성 이론

Special relativity

빛의 속도가 일정하다면 시간이나 공간은 변화한다

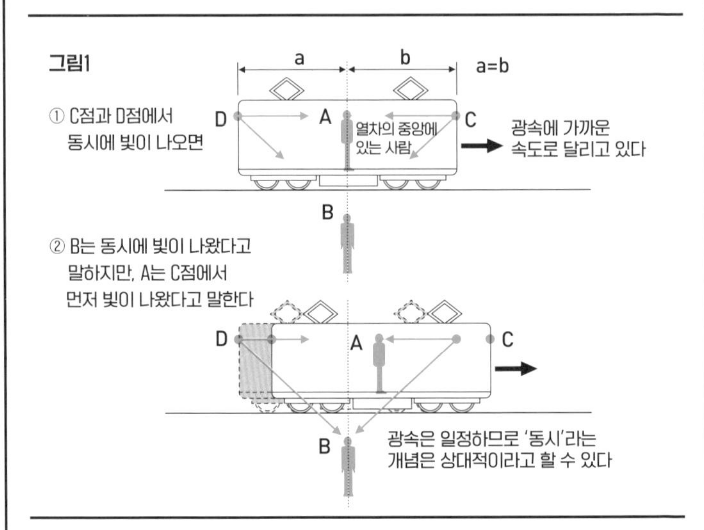

정의

[상대성 원리] 등속 운동(일정한 속도로 운동하는 것)을 하는 관성계에서는 같은 물리 법칙이 작용한다.
[광속 불변 원리] 광속은 광원光源이 어떻게 운동하든 간에 값이 항상 일정하다.
[질량과 에너지의 등가성] 질량과 에너지는 등가다.

발견자

알베르트 아인슈타인

수식

$$r = \frac{1}{\sqrt{1-\frac{v^2}{C^2}}}$$

r : 로런츠 인자
v : 속도(m/s)
c : 광속(m/s)

$$E = mc^2$$

(질량과 에너지의 등가성)

E : 에너지
m : 질량
c : 광속

등속 운동을 하고 있는 열차 안에서 떨어진 공은 수직으로 낙하한다. 그렇다면 공이 빛의 속도로 날아가게 된다면 어떻게 될까? 이는 등속 운동을 하고 있는 열차 안에서 바로 아래를 향해 회중전등을 비춰 보면 알 수 있는데, 당연히 바로 아래의 바닥을 비춘다.

그렇다면 이번에는 열차가 광속에 가까운 속도로 운동하고 있는 경우를 생각해보자. 바로 아래를 향해서 비춘 회중전등의 빛은 열차 진행 방향의 뒤쪽을 향해 비스듬하게 날아가 바로 아래보다 살짝 뒤쪽의 바닥을 비춘다. 이것을 '광행차'라고 한다.

빛의 속도에 가까운 세계에서는 일상에서 볼 수 없는 기이하고 신기한 현상이 일어나는데, 그런 현상을 해명한 것이 바로 '특수 상대성 이론'이다. 1905년에 스위스의 베른에 있는 특허국의 직원이던 26세의 젊은 아인슈타인이 발표한 이론이다.

앞에서 말했듯 상대성 이론에는 특수 상대성 이론 외에도 1915년에 발표한 '일반 상대성 이론(040쪽 참고)'이 있다. 특수 상대성 이론은 등속 직선 운동을 하고 있는 계(관성계)에서 성립하는 이론이며, 그리고 이것을 확대해 모든 좌표계에 적용시키려 한 것이 일반 상대성 이론이다. 특수 상대성 이론이 광속과 시간, 공간에 관한 이론인 데 비해 일반 상대성 이론은 주로 중력에 관한 이론이다.

동시란 무엇일까?

동시에 무엇인가를 하는 것, 이것은 일상생활에서 자주 있는 일이다. 집 밖에서 자동차가 큰 소리로 경적을 울리면 자신의 방과 이웃한 동생의 방에서 '동시'에 소리가 들린다.

그렇다면 100억 광년 떨어진 곳과 소통을 하게 된다면 어떨까? 100억 광년은 빛의 속도로 나아갔을 때 도달하기까지 100억 년이 걸리는 거리로, 거의 우주의 끝에 가까운 곳이다. 100억 광년 떨어진 곳에 있는 사람과 대화를 한다고 가정하면 빛의 속도로 날아가는 전파를 사용해도 100억 년이 걸리므로 '동시'에 대화를 하기란 불가능하다. 대신 '지금 이 순간에 100억 광년 떨어진 곳에 있겠지'라고 상상할 수는 있다. 이렇게 생각하면 '지금', '동시'라는 개념이 굉장히 모호하게 느껴진다. 광속의 세계에서는 동시라는 개념 자체가 흔들리는 것이다.

특수 상대성 이론을 설명할 때 자주 쓰이는 사고 실험으로, 광속에 가까운 속도로 달리는 열차의 앞과 뒤에서 빛을 발사했을 때 열차의 중앙에 있는 사람과 열차 밖에서 있는 사람의 눈에 빛이 어떻게 보이는지를 가정한 것이 있다(그림1). 열차는 광속에 가까운 속도로 달리고 있고, 열차의 중앙에 있는 사람 A와 열차 밖에 서 있는 사람 B가 있다고 생각해보자. 그리고 열차의 앞쪽 끝 C와 뒤쪽 끝 D에는 전등이 달려 있는데 이때 열차의 중앙을 향해 동시에 빛을 발했다고 가정한다.

열차 밖 한가운데에 해당하는 위치에 서 있는 B의 눈에는 '전등 C와 전등 D가 동시에 빛을 낸' 것으로 보인다. 그러나 열차의 중앙에 서 있는 A는 앞쪽의 전등 C에서 날아오는 빛을 향해 광속에 가까운 속도로 다가가고 있기 때문에 A의 눈에는 뒤쪽 전등 D보다 앞쪽 전등 C가 먼저 빛을 낸 것처럼 보이게 된다. 다시 말해 열차 안에 있는 사람 A의 동시성과 열차 밖에 있는 사람 B의 동시성은 다른 것이다. 이것은 각기 다른 운동계에 있는 사람에게는 '동시성'이 달라짐을 의미한다.

아인슈타인은 광속을 일정불변한 것으로 보고, 어떤 운동이든 간에 관성계에서는 같은 물리 법칙이 성립할 것이라는 전제 아래 특수 상대성 이론을 만들었다. 그 결과 다른 관성계에서는 시간이 흐르는 방식이 다르거나, 공간이 수축되어 이를테면 물건의 길이가 더 짧아지는 경우 등이 있음을 알게 되었다. 우리는 공간과 시간이 일

그림2 광속에 도달하면 우주선의 질량은 무한대(∞), 길이는 0이 되며 시간은 정지한다

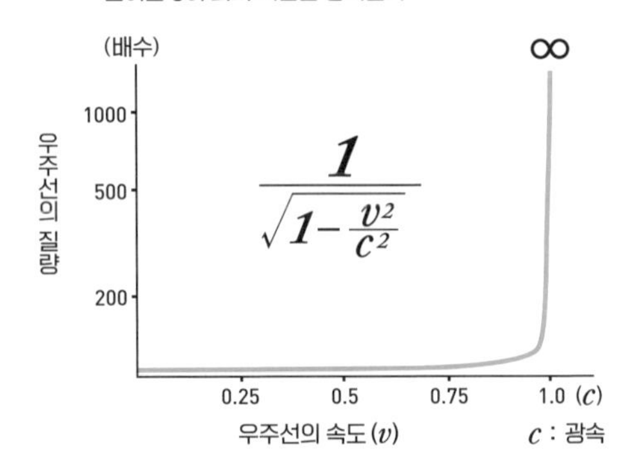

우주선의 속도가 광속에 가까워짐에 따라

질량은 $\frac{1}{\sqrt{1-\frac{v^2}{c^2}}}$ 배 증가,

우주선의 길이는 $\sqrt{1-\frac{v^2}{c^2}}$ 배,

시간은 $\sqrt{1-\frac{v^2}{c^2}}$ 배 느려진다

정불변하다고 감각적으로 이해하고 있지만 빛의 속도가 일정하다면 시간이나 공간이 변화하는 것이다. 이것은 우리의 세계관에 커다란 전환을 가져왔다.

또한 특수 상대성 이론은 질량과 에너지가 등가라는 것도 밝혀냈는데 이는 훗날 핵에너지를 이용하는 기술로 이어졌다.

인공위성의 시계는 느려진다

그러면 특수 상대성 이론 하에서는 어떤 일이 일어나는지 정리해보자. 그림2의 그래프와 식을 참고하면 도움이 될 것이다.

1. 물체가 광속에 도달하면 진행 방향으로 수축하게 되어 형태가 찌부러진다.
2. 물체가 광속에 가까워지면 그 안에서는 시간이 느리게 흐르며, 마침내 광속에 도달하면 시간은 정지한다.
3. 물체가 광속에 도달하면 질량이 무한대가 된다. 즉, 그 이상은 가속할 수 없다는 뜻이다.

SF의 세계에서는 광속으로 비행하는 우주선이 흔하게 등장한다. 그러나 실제로는 광속에 가까워짐에 따라 질량이 늘어나며, 늘어난 질량을 이겨내고 더욱 가속하기 위해서는 더 큰 에너지가 필요해진다. 그렇기 때문에 광속으로 비행하는 것은 사실상 불가능하다.

광속에 가까운 속도로 비행하는 우주선을 타고 우주를 여행하다 지구로 돌아오니, 지구에서는 수천 년이나 되는 시간이 흐른 뒤였다는 쌍둥이의 역설(280쪽 참고) 내용을 상대성 이론에서 시간의 느려짐을 설명할 때 자주 사용된다. 다만 실제로는 광속은 물론이고, 광속에 가까운 속도로 비행하는 것조차 불가능하기 때문에 어디까지나 상상에 불과하다.

그러나 고속으로 운동하는 계에서 시간이 느려지는 것은 사실이다. 046쪽에서도 살짝 언급한 GPS의 경우는 위성 자체가 고속으로 비행(시속 약 1만 4,000킬로미터=마하 11.4)하고 있기 때문에 내부에 탑재한 원자시계의 시간이 약간씩 느려질 수밖에 없다. 그래서 GPS는 느려진 시간을 보정하여 다시 정확한 위치를 측정한다.

060
물리

도플러 효과

Doppler effect

가까이 다가오는 사이렌 소리가 더 높고 날카롭게 들리는 이유

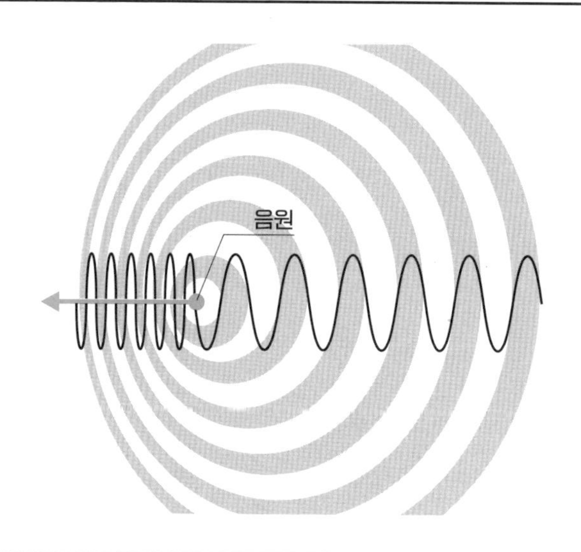

정의	멀어지는 파동은 파장이 길어지고, 가까워지는 파동은 파장이 짧아진다.
발견자	크리스티안 도플러Christian Johann Doppler(1803~1853, 오스트리아의 물리학자)
수식	$f_1 = f \times \frac{V}{V-v}$ $f_2 = f \times \frac{V}{V+v}$ f : 음원의 주파수 f_1 : 음원이 가까워질 때의 주파수 f_2 : 음원이 멀어질 때의 주파수 V : 음속[m/s] v : 음원의 속도[m/s]

구급차가 사이렌 소리를 내면서 다가오고 있을 때는 신호의 소리가 높고 날카롭게 들리며, 구급차가 멀어질 때는 신호가 다시 낮은 음으로 바뀌어 나는 듯하다. 이런 경험을 대부분 해봤을 텐데, 그 이유는 음원과 소리를 듣는 사람 사이의 상대적인 속도에 따라 소리의 파장이 변화하기 때문이다. 이것을 '도플러 효과'라고 한다.

음원이 가까워질 때는 파장이 짧아지고, 반대로 멀어질 때는 파장이 길어진다. 그리고 파장이 짧아지면 높은 음으로 들리며, 파장이 길어지면 낮은 음으로 들린다.

음이 얼마나 변할까?

시험 삼아 시속 50킬로미터(13.9m/s)로 달리는 구급차의 사이렌 소리가 거리에 따라 얼마나 변하는지 계산해 보자. 구급차는 자신을 향해 곧바로 달려오고 있고 본인은 정지해 있다고 가정한다. 구급차의 사이렌의 주파수가 750헤르츠라고 생각하면 앞의 식에 따라 750헤르츠의 음이 약 782헤르츠의 음으로 들리게 된다. 이것은 음계로 치면 '라(740.4헤르츠)'의 음이 반음 정도 높아진 '라 #(784.0헤르츠)'으로 들리는 정도다.

천체 관측을 하다 발견

도플러 효과를 처음으로 발견한 사람은 오스트리아의 물리학자인 크리스티안 도플러다. 이중성二重星을 관측하던 도플러는 별의 색이 조금씩 변화하는 경우가 있다는 것을 깨달았다. 이중성이란 공통의 무게 중심의 주위를 회전하고 있는 두 별(항성)로, 경우에 따라서는 상당한 속도로 회전하곤 한다. 이런 별에서는 지구로부터 멀어지는 방향으로 움직일 때와, 반대로 가까워지는 방향으로 움직일 때 빛의 파장이 각각 약간씩 다르게 보인다. 멀어질 때는 파장이 긴 쪽으로 밀리기 때문에 빨갛게 보이고(적색 편이), 반대로 가까워질 때는 파장이 짧아지기 때문에 푸르게 보인다(청색 편이). 도플러는 이중성의 관측 데이터를 통해 빛의 파장과 상대 속도의 관계를 나타내는 법칙을 만들어낸 것이다.

061
수학

드모르간의 법칙

De Morgan's laws

집합을 통해 논리적 사고를 익혀보자

집합

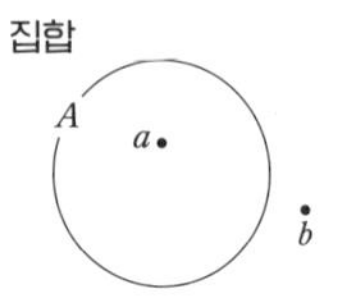

A∈a a는 집합 A의 요소
b∉A b는 집합 A의 요소가 아니다

공통 부분

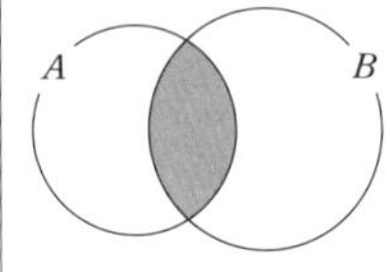

A∩B A와 B의 공통 부분

여집합

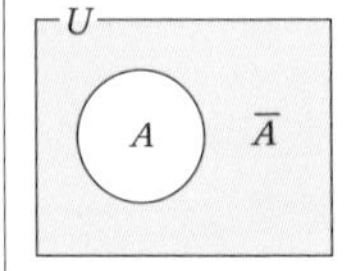

집합 U는 전체 집합

$\overline{A}$ A에 속하지 않는 U의 요소 전체의 집합 U에 관한 A의 여집합

부분 집합

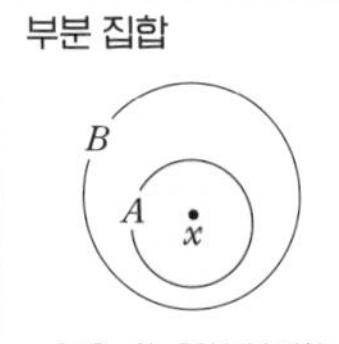

A⊂B A는 B의 부분 집합

합집합

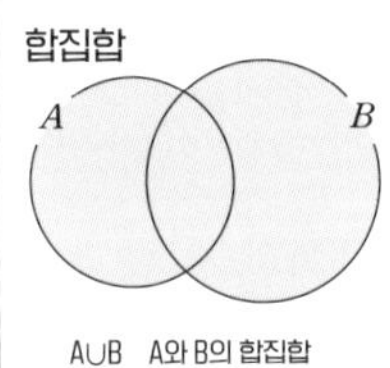

A∪B A와 B의 합집합

정의

A 또는 B가 아닌 집합은 A가 아닌 집합이면서 B가 아닌 집합과 동치(두 개의 명제가 동일한 결과를 가져오는 일)다.

발견자

오거스터스 드모르간Augustus De Morgan(1806~1871, 영국의 수학자)

수식

$$\overline{A \cup B} = \overline{A} \cap \overline{B},\ \ \overline{A \cap B} = \overline{A} \cup \overline{B}$$

집합은 어떤 조건에 따라 결정되는 요소의 모임을 말하고, 요소는 이 집합을 구성하고 있는 각각의 것들이다. 따라서 집합은 복잡한 요소의 관계성을 쉽게 이해하는 데 도움을 준다.

먼저 집합을 나타내는 기본 기호에 관해 간단히 설명하겠다. 가령 1, 2, 3, 4, 5라는 숫자를 요소로 갖는 집합 A가 있다고 가정하자. 1, 2, 3, 4, 5는 모두 집합 A에 속해 있으므로 다음과 같은 내용으로 정리할 수 있다.

- 1은 $1 \in A$라고 표현한다.
- 6은 집합 A의 요소가 아니므로 $6 \notin A$라고 표현한다.
- 집합 B 속에 집합 A가 있을 경우, A는 B의 '부분 집합'이라고 하고 $A \subset B$라고 표현한다.
- 집합 A와 집합 B가 겹쳐 있을 경우, 두 집합의 공통된 부분을 $A \cap B$라고 표현한다.
- 집합 A와 B의 모든 부분을 '합집합'이라고 하며 $A \cup B$라고 표현한다.
- 집합 속에 요소가 전혀 없는 경우는 '공집합'이라고 하고 $\emptyset$라고 표시한다.
- 집합 U 속에 집합 A가 있을 경우, U 속에서 A가 아닌 부분을 $\overline{A}$라고 표시하며 이것을 '여집합'이라고 한다.

집합의 기본 법칙

집합 U 속에 부분 집합 A, B, C가 있을 때, 다음의 식이 성립한다.

(1)교환 법칙

$A \cap B = B \cap A$

$A \cup B = B \cup A$

(2)결합 법칙

$(A \cap B) \cap C = A \cap (B \cap C) = A \cap B \cap C$

$(A \cup B) \cup C = A \cup (B \cup C) = A \cup B \cup C$

(3)분배 법칙

$A \cap (B \cup C) = (A \cap B) \cup (A \cap C)$

$A \cup (B \cap C) = (A \cup B) \cap (A \cup C)$

(4)흡수 법칙

$A \cup (A \cap B) = A$

$A \cap (A \cup B) = A$

(5)드모르간의 법칙

$\overline{A \cup B} = \overline{A} \cap \overline{B}, \ \overline{A \cap B} = \overline{A} \cup \overline{B}$

이 법칙을 발견한 드모르간은 영국의 수학자이자 물리학자다. 그는 수학적 재능이 아주 뛰어나서 14세에 자와 컴퍼스를 사용해 유클리드 기하 도형을 정교하게 그렸다고 알려져 있다.

062
화학

부분 압력의 법칙

Dalton's law

모두가 함께 밀면 힘이 하나가 된다

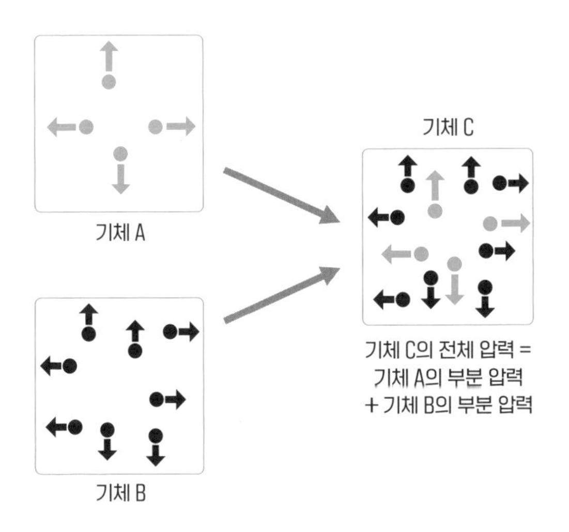

정의	혼합 기체의 전체 압력은 혼합 기체를 구성하는 각 물질의 부분 압력의 합과 같다.
발견자	존 돌턴
수식	$P_{total} = P_1 + P_2 + P_3 \cdots P_n$ P : 압력

원자의 존재를 최초로 암시한 돌턴이 가장 처음에 연구한 주제는 기상이었다. 그는 기상 현상이 대기 속에서 일어나는 물리적·화학적 현상이라고 생각하고 그 구조를 분석했다. 연구하는 과정에서 대기 속에 공기와 수증기가 있음을 발견했고, 대기의 압력이란 대기에 들어 있는 여러 가지 가스의 부분 압력의 총합이 아닐까 하고 생각하게 되었다.

마침내 1801년, 돌턴은 '부분 압력의 법칙'을 발표했다. 부분 압력은 기체를 구성하는 각각의 가스를 따로따로 단독 용기에 넣었을 때의 압력을 뜻하고, 용기에 들어간 각종 가스의 압력의 합을 전체 압력이라고 한다. 예를 들어, 공기 속의 산소(공기의 21퍼센트가 산소)와 질소(공기의 78퍼센트가 질소)를 혼합한 압력은 산소의 압력과 질소의 압력을 각각 더한 것과 같다는 뜻이다. 수식으로 나타내면, 온도와 부피가 같은 용기 2개에 산소와 질소를 각각 넣었을 때 각각의 압력을 P_1, P_2라고 할 경우 이 두 기체를 섞어서 온도와 부피가 같은 용기에 넣으면 혼합 가스 전체의 압력 P_t는 P_1+P_2가 된다.

돌턴의 원소 기호

원자 번호를 고안한 사람도 바로 돌턴이다. 원소(원자)라는 개념을 명확히 제시한 것은 돌턴의 커다란 공적이다. 참고로 원소를 표현하기 위해 처음에는 아래와 같이 그림 기호를 썼지만 원소의 종류가 늘어남에 따라 알파벳을 이용한 지금의 기호가 만들어졌다.

과거 돌턴이 사용한 원소 기호(일부)

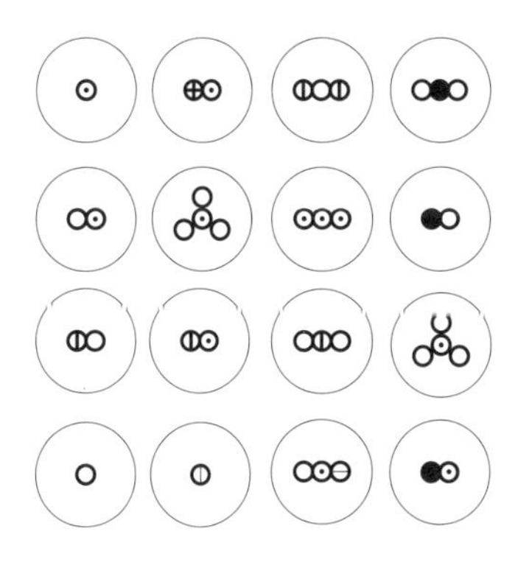

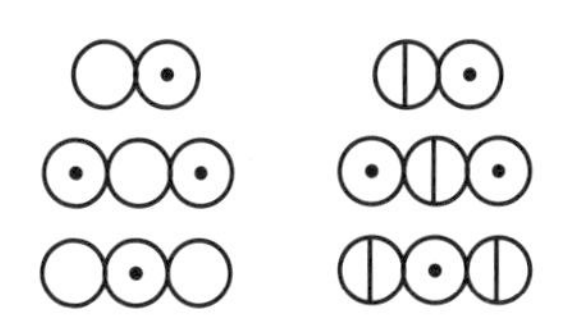

063
수학

드레이크 방정식

Drake equation

은하계에는 지적 생명체가 얼마나 존재할까?

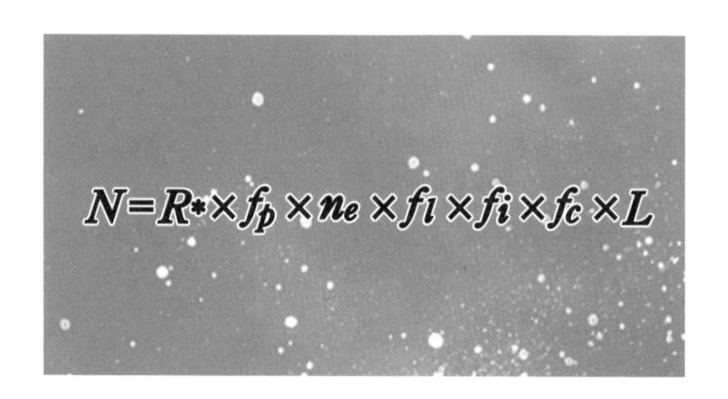

정의

은하계에 존재하는 통신이 가능한 지적 문명의 수는 드레이크 방정식으로 나타낼 수 있다.

발견자

프랭크 D. 드레이크Frank D. Drake(1930~, 미국의 천문학자)

수식

$$N=R_*\times f_p\times n_e\times f_l\times f_i\times f_c\times L$$

N : 전파로 통신이 가능한 은하계 내 문명의 수
R^* : 은하계 내 항성의 수 f_p : 행성계를 가진 항성의 비율
n_e : 행성계 가운데 생명의 발생이 가능한 영역에 있는 행성의 수
f_l : 생명 발생이 가능한 행성에서 실제로 생명이 발생할 확률
f_i : 지적 생명체로까지 진화할 확률
f_c : 지적 생명체가 전파를 사용해 성간 통신을 하고 있을 확률
L : 성간 통신을 할 수 있는 고등 문명의 지속 시간(년)

밤하늘을 바라보면서 '저 별에는 외계인이 살고 있을까?'라고 생각한 적이 있지 않은가? 우리가 사는 은하계에는 약 2,000억 개나 되는 항성이 있다고 한다. 이렇게 많은 별 가운데 몇 곳에는 생명체가 존재할 가능성이 있다고 한다. 또한 그 생명체가 지능을 갖고 있어서 과학을 발달시켜 인간과 마찬가지로 전파를 이용해 커뮤니케이션을 할 수 있다면, 우리는 전파를 통해 외계인과 소통할 수도 있을 것이다. 어쩌면 그들은 이미 전파를 발신하는 중일지도 모른다.

1960년, 미국 국립천문대의 프랭크 D. 드레이크는 미국 웨스트버지니아주 그린뱅크에 있는 전파 망원경(지구 밖에서 오는 전파를 수신·증폭하여 관측하는 장치)을 이용해 지구로부터 약 10.5광년 떨어져 있는 고래자리의 타우성과 에리다누스자리의 엡실론성을 조사했다. 지적 생명체가 발신하고 있을지도 모르는 전파를 포착하려고 시도한 것이다. 그가 사용한 전파는 우주에 가장 많이 존재하는 수소 원자가 내는 파장 21센티미터(1.42기가헤르츠)의 전파였다. 2개월간, 장장 150시간에 걸쳐 수신을 시도했지만 안타깝게도 지적 생명체가 보내는 전파를 확인하지는 못했다. 이것이 오즈마 프로젝트Ozma project라고 부르는 세계 최초의 외계 생명 탐사 계획이다.

오즈마 프로젝트를 진행할 때 드레이크는 은하계에 있을지도 모르는 지적 생명체의 수를 계산하는 방정식을 만들어냈다. 바로 그 유명한 드레이크 방정식이다.

드레이크 방정식의 의미

이 방정식은 은하계에 존재하면서 전파를 사용한 통신이 가능한 문명의 수를 계산하는 식으로, 7개의 매개 변수parameter가 포함돼 있다. 다만 이 변수조차도 정확한 값을 구할 수 있는 것은 아니기 때문에 방정식은 어디까지나 기준에 불과하다. 특히 지적 생명체로 진화할 가능성이나 전파를 사용해 통신을 하고 있을 확률 등을 가늠하는 것은 사실 상상의 영역에 가깝다. 하물며 고등 문명의 지속 기간을 인류를 기준으로 판단해도 되느냐는 의문이 남는다.

어쨌든 상상력을 발휘해서 숫자를 정하고 계산해보자. 앞에 나온 수식에 따라 아래와 같이 계산해보면 무려 60만 개나 되는 별에 고등 문명을 가진 지적 생명체가 살고 있다는 결과가 나온다.

$$N = 2{,}000\text{억} \times 0.3 \times 1 \times 0.01 \times 0.0001 \times 0.001 \times 10{,}000$$
$$= 600{,}000$$

064
물리

열역학의 법칙
Law of thermodynamics

영구 기관은 영구히 만들 수 없다

그림1

그림2

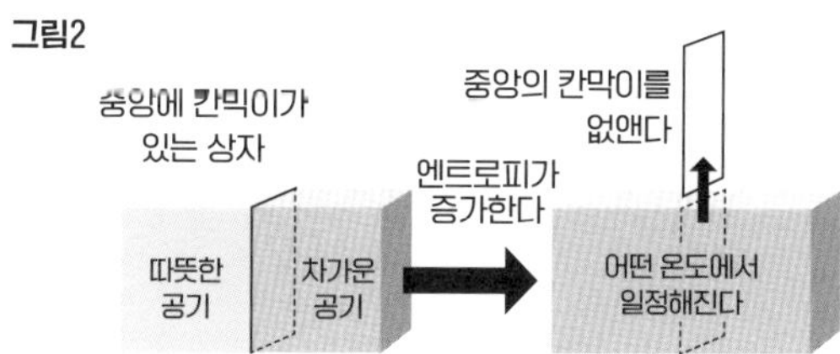

정의

[제1법칙] 닫힌계에서 에너지의 총합은 항상 일정하다.
[제2법칙] 열에너지는 고온에서 저온 상태로 이행할 때 모든 에너지를 일량으로 변환하지는 못한다.

수식

[제1법칙]

$$\Delta U = Q + W$$

ΔU : 에너지 증가분(J)
Q : 물체에 들어가는 열량(J)
W : 물체가 외부에 하는 일량(J)

열역학 제1법칙

움직이기 시작하면 영원히 멈추지 않는 영구적인 기관, 인류는 먼 옛날부터 이런 기계를 꿈꿔왔다. 유명한 영구 기관 중 하나로 로버트 플러드가 1618년에 고안한 '순환식 맷돌'이 있다. 이것은 그림1처럼 자신이 퍼올린 물로 돌아가며 맷돌로 곡식을 가는 수차인데, 안타깝게도 이 기계는 실제로 움직이지 않는다. 열역학 제1법칙을 위반했기 때문이다.

열역학 제1법칙에 따르면 닫힌계에서 에너지의 총합은 항상 일정하며, 외부에서 열이나 힘 등의 에너지를 가하지 않는 한 변화하지 않는다. 수차를 계속 돌리기 위해서는 외부의 에너지가 필요한 것이다. 즉, 내부 에너지만으로 영원히 돌아가는 것은 불가능하다.

열역학 제2법칙

에너지 변환 효율이라는 것이 있다. 가령 반딧불이는 루시페린이라는 발광 물질이 루시페라아제라는 효소의 작용으로 산화함으로써 빛을 내는데, 이때의 에너지 변환 효율은 90퍼센트 이상으로 알려져 있다. 그러나 반딧불이의 이와 같은 높은 변화 효율은 예외적인 것이며, 실제로 인간이 사용하고 있는 기계의 효율은 매우 나쁜 편이다. 가령 자동차의 엔진 같은 내연 기관의 에너지 변환 효율은 20~30퍼센트 정도밖에 안 된다. 휘발유가 가진 열에너지의 70퍼센트 이상을 열이나 진동, 마찰 등으로 잃어버리는 것이다.

열역학 제2법칙은 엔트로피 개념으로 쉽게 설명할 수 있다(068쪽 참고). 이 법칙에 의하면 열에너지가 고온에서 저온의 상태로 이행할 때 고립계의 엔트로피는 비가역(변화가 생긴 물질이 원래의 상태로 돌아갈 수 없는 일) 과정에서 항상 증가한다고 한다. 그래서 '엔트로피 증가의 법칙'으로도 불린다. 엔트로피는 계(닫힌 시스템)의 불규칙성을 나타내는 개념으로, 뜨거운 물을 컵에 담아 놓으면 결국 식게 되듯이 온도가 평형 상태를 향해 변화하는 것을 두고 '엔트로피가 증가'한다고 표현한다. 그러므로 엔트로피가 증가하는 것은 곧 자연의 특성이다. 따라서 어떤 에너지든 간에 쓸 수 있는 양은 감소하게 된다. 이것이 바로 열역학 제2법칙이다.

065
사회

파킨슨의 법칙

Parkinson's law

공무원의 수는 계속 증가한다

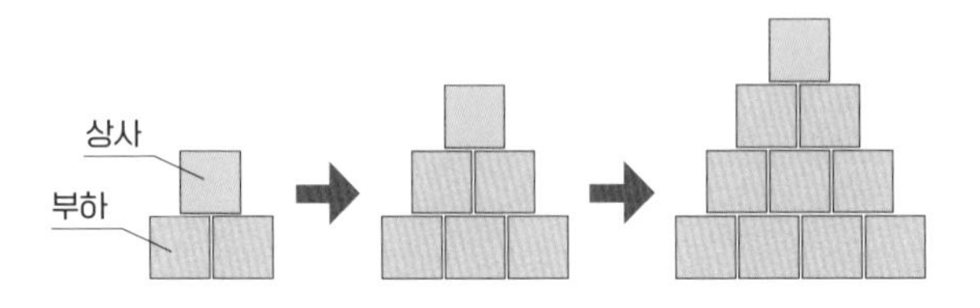

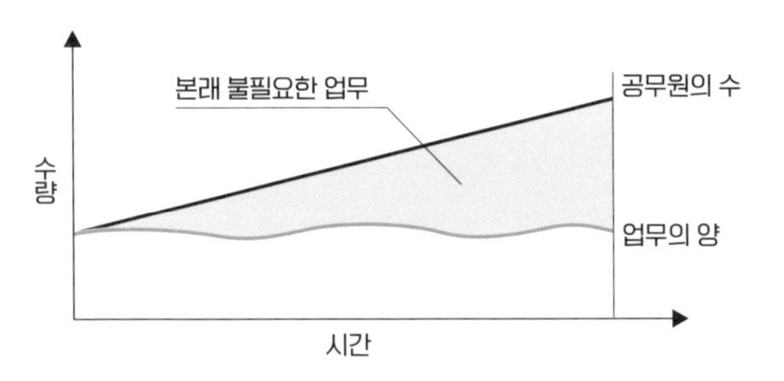

정의	공무원의 수는 업무의 양과 상관없이 항상 일정 비율로 증가한다.
발견자	시릴 파킨슨Cyril Northcote Parkinson(1909~1993, 영국의 사회학자)

공무원의 수를 줄이고 낙하산 인사를 없애자는 이야기를 종종 들을 수 있는데, 과연 실제로 실현이 가능할까? 1957년, 영국의 사회학자인 시릴 파킨슨은 잡지에 발표한 논문을 통해 공무원의 독특한 습성을 분석했다. 논문에 따르면 공무원의 수는 업무의 양과는 상관없이 늘 5~7퍼센트 정도의 일정 비율로 계속 증가한다는 것이다. 그 원인에 대해 파킨슨은 다음과 같이 분석했다.

일단 공무원은 부하를 늘리고 싶어 하지만 자신의 경쟁자를 만드는 것은 꺼린다. 또한 공무원은 자신들의 이익을 위해 새로운 업무를 계속해서 만들어낸다. 이 두 가지 요인이 공무원의 수와 업무가 무의미하게 늘어나는 이유라는 것이다. 파킨슨의 법칙을 정리하면 다음과 같다(단, 이는 출처에 따라 내용이 상당히 다르다).

1. 공무원의 수는 업무 양의 많고 적음과 상관없이 기하급수적으로 증가한다.
2. 업무의 양은 사용할 수 있는 시간을 채우듯이 확대된다.
3. 공무원은 부하를 늘리고 싶어 하지만 경쟁자는 만들기 싫어한다.

실생활에서 볼 수 있는 파킨슨의 법칙

파킨슨의 법칙은 공무원의 생태와 습성에 관한 법칙이지만 다른 분야에서 풍자의 목적으로도, 혹은 일상에서도 이 법칙을 비틀어 사용하는 경우가 있다. 이를테면 "컴퓨터의 하드디스크에 남는 정보의 양은 계속 늘어나기만 한다"라든가 "새로운 대용량 하드디스크를 구입하면 그 용량이 가득 찰 때까지 정보가 계속 늘어난다" 등이다.

또한 프로젝트의 마감 일정 등에 관해 "마감 전에 미리 마무리할 수 있는 작업이 있어도 끝내지 않고 최종일 직전까지 시간을 낭비한다"와 같은 것도 그 일례다.

066
사회

하인리히의 법칙

Heinrich's law

작은 사고를 사소하게 여겨서는 안 되는 이유

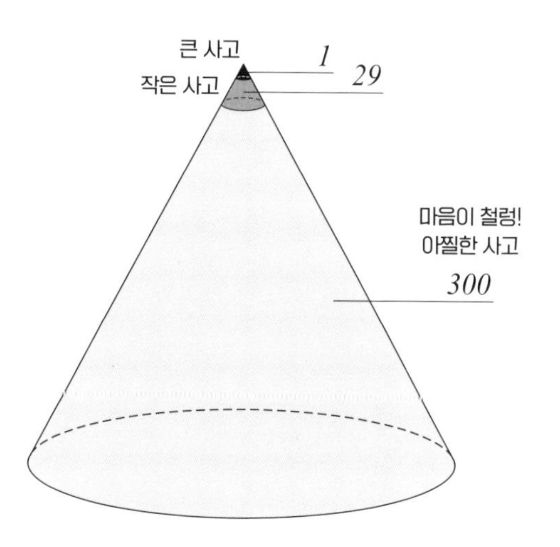

정의	대형 사고가 터지기 전에는 29개의 작은 사고 그리고 300개의 아찔한 사고라는 전조 증상이 있다.
발견자	허버트 하인리히Herbert William Heinrich(1886~1962, 미국의 보험회사 사원)
수식	***1 : 29 : 300***

하인리히 법칙은 미국의 보험 회사의 직원이었던 허버트 하인리히가 1929년에 노동 재해가 발생할 확률에 관해 발표한 논문을 통해 발표되었다. 이 법칙은 대형 사고 1건이 발생하기 전에 29건의 작은 사고가 있었으며, 또 그 전에는 큰 사고로 이어지지는 않았지만 가슴이 철렁했거나 아찔했던 사고가 300건가량 있었다는 것이다. 그래서 '1 대 29 대 300의 법칙'으로도 불린다.

이 법칙은 철렁하고 아찔했던 작은 사건 사고를 충분히 분석해 대형 사고를 방지하는 데 활용하는 것이 중요함을 알려준다.

항공 사고를 방지하기 위해 활용

대형 사고로 이르지는 않았지만 아찔했던 사건을 '인시던트Incident'라고 한다. 가령 항공 사고는 일단 일어나면 큰 피해가 발생하기 때문에 항공기를 운항하는 사업자는 인시던트 정보를 모아서 사고를 미연에 방지하는 데 활용한다.

비행기는 속도가 빠른 까닭에 판단이 일순간이라도 늦어지면 큰 사고가 발생한다. 가령 각각 시속 300킬로미터로 나는 두 비행기가 마주 보며 접근하고 있을 때는 상대 비행기의 속도가 시속 600킬로미터이므로, 두 비행기는 1초에 약 167미터씩 가까워지게 된다. 파일럿이 전방에서 비행기가 접근하고 있음을 깨달은 뒤에 손으로 조종간을 움직여서 침로를 바꾸기까지는 아무리 빨라도 3초는 걸리는데, 3초면 두 비행기의 사이의 거리는 무려 500미터나 줄어든다. 이 말은 500미터가 넘는 거리에서 반대쪽에서 오는 비행기를 발견하고 사고에 대비해야 한다는 뜻이다.

그래서 항공사는 평소 인시던트를 자세히 분석해 파일럿이 비행 중에 신경 써야 할 점이나, 긴급 사태에 맞닥뜨리게 될 경우 해야 할 조치를 점검해보고 있다.

067
물리

파스칼의 원리

Pascal's principle

작은 힘으로 큰 힘을 만들어낸다

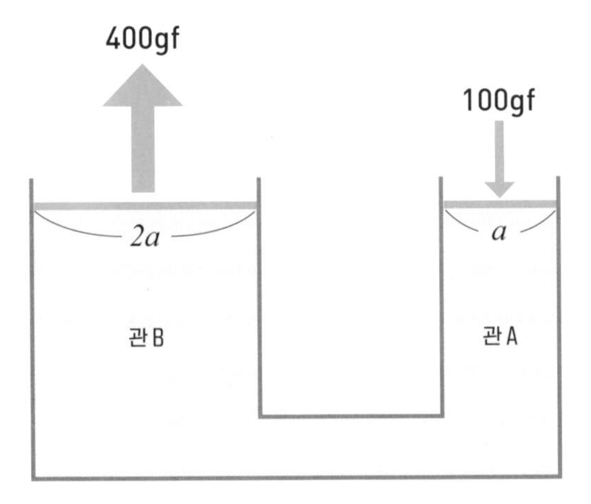

정의	밀폐 용기 속에 있는 정지한 유체의 일부에 가해진 힘은 유체의 모든 부분에 같은 크기로 작용한다.
발견자	블레즈 파스칼Blaise Pascal(1623~1662, 프랑스의 과학자 · 철학자)

"인간은 생각하는 갈대다." 『팡세』에 나오는 이 명언으로 유명한 파스칼은 17세기 중반에 태어난 프랑스인으로, 철학자인 동시에 천재적인 과학자였다.

그는 16세였던 1640년에 '원뿔곡선의 시론'이라는 수학 이론을 발표할 만큼 일찍부터 천재성을 발휘했다. 또한 같은 시기에 세금 징수관이었던 부친의 일을 돕기 위해 톱니바퀴를 조합한 기계식 계산기를 발명했는데, 이 기계는 컴퓨터(연산 기계)의 원조로 평가받는다.

파스칼은 이탈리아의 에반젤리스타 토리첼리가 수은 기둥을 사용해서 진공을 만드는 실험을 했다는 사실을 알게 되자, 자신도 같은 실험을 실시해 진공이 확실히 존재함을 확인할 만큼 지적 호기심이 매우 왕성했다. 또한 산 위에서는 수은 기둥의 높이가 지상보다 짧아진다는 사실까지도 확인했다. 그는 이 실험을 통해 대기에는 압력, 즉 기압이 있음을 밝혀냈다. 현재 우리가 쓰는 기압의 단위 파스칼(Pa)은 기압을 최초로 발견한 그의 업적에 대한 경의의 표현이다.

파스칼의 원리란?

파스칼의 원리는 유체의 일부에 가한 힘은 유체의 모든 부분에 같은 크기로 작용한다는 것이다. 가령 앞의 그림처럼 지름이 다른 2개의 관이 연결되어 있을 때, 관 B의 반지름이 관 A 반지름의 2배라고 가정하면 관 B의 단면적은 관 A의 4배가 되므로 관 B에는 관 A에 가해지는 힘의 4배가 작용한다.

파스칼의 원리를 이용하면 작은 힘으로 큰 힘을 만들어낼 수 있다. 자동차를 정비할 때 주로 사용되는 유압잭은 작은 힘으로도 무거운 차를 들어 올릴 수 있는 소형 기중기인데, 이 역시 파스칼의 원리를 토대로 힘을 증폭시키는 구조로 작동된다.

압력의 단위 파스칼

1파스칼은 1제곱미터에 1뉴턴의 힘이 작용할 때의 압력을 가리킨다. 1뉴턴의 힘은 지표면에서 약 0.1킬로그램힘(kgf)의 물체를 들어 올릴 때 필요한 힘이다.

068
수학

나비 효과
Butterfly effect

나비의 날갯짓이 기후 변동을 가져온다

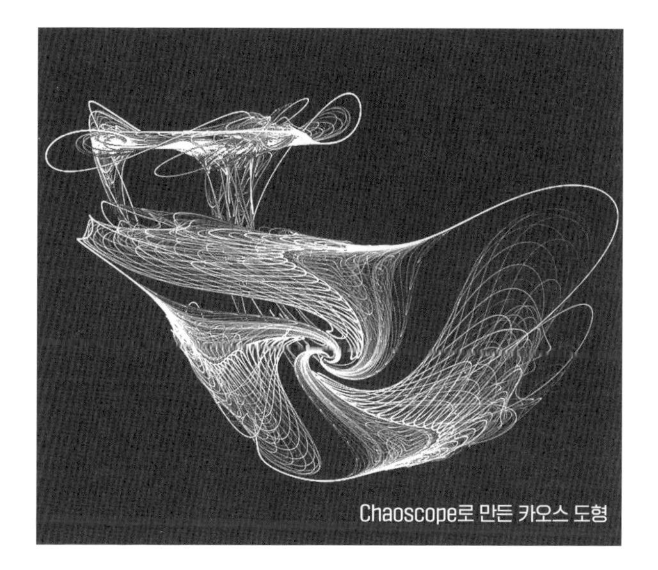
Chaoscope로 만든 카오스 도형

정의	복잡계(카오스)에서는 작은 상태 변화가 비선형적으로 확대되기 때문에 예측이 불가능하다.
발견자	에드워드 로렌즈Edward Norton Lorenz(1917~2008, 미국의 기상학자)

“브라질에서 나비가 날갯짓을 하면 텍사스에서 토네이도가 발생한다.” 이를 두고 ‘나비 효과’라고 한다. 카오스 이론을 설명할 때 자주 인용되는 사고 실험의 일례다.

나비 효과는 1972년에 미국의 기상학자인 에드워드 로렌즈가 강연을 할 때 나비와 토네이도의 예를 사용한 뒤로 대중에게도 널리 알려지게 되었다. 기상학자인 로렌즈는 카오스 이론을 사용해 초깃값의 작은 오차 때문에 잘못된 기상 예보를 하게 되는 경우가 있음을 설명했다.

복잡계의 컴퓨터 시뮬레이션을 해보면 초깃값의 작은 오차, 흔들림이 완전히 다른 결과를 만들어낸다는 사실을 알 수 있다. 이는 컴퓨터의 성능이 떨어졌던 1970년대는 물론이고 지금도 마찬가지다. 또한 복잡계는 본래 비선형적으로 확대되어 가는 성질을 갖고 있어서 예측이 불가능하다.

기상청이 틀리는 이유

카오스 이론은 기상 현상 등 복잡한 여러 요소가 얽혀 있어 정확한 예측이 불가능한 현상을 다룬다. 이를테면 비는 구름이 생겨서 내리기 때문에 공기 분자의 움직임을 완전히 계산할 수 있다면 강우의 확률을 100퍼센트로 맞출 수 있다. 그러나 대기는 무수히 많은 공기 분자가 서로 영향을 끼치면서 변화하는 복잡계다. 게다가 모든 공기 분자의 움직임을 계산기로 시뮬레이션하기란 불가능하다. 하나의 공기 분자는 주변의 수억 개나 되는 공기 분자와 서로 영향을 주고받기 때문에 계산해야 하는 양이 너무나도 방대하기 때문이다. 그래서 실제로 기상 예보는 한정된 변수와 과거의 데이터를 바탕으로 이루어지고 있다.

그 밖에 카오스 이론의 대상이 되는 분야로는 우주에 있는 무수히 많은 별 사이에 작용하는 중력의 상호 관계가 있으며, 때로는 경제의 움직임도 그 대상이 되곤 한다.

069
천문

허블의 법칙
Hubble's law

지금도 우주가 팽창하고 있다는 가장 확실한 증거

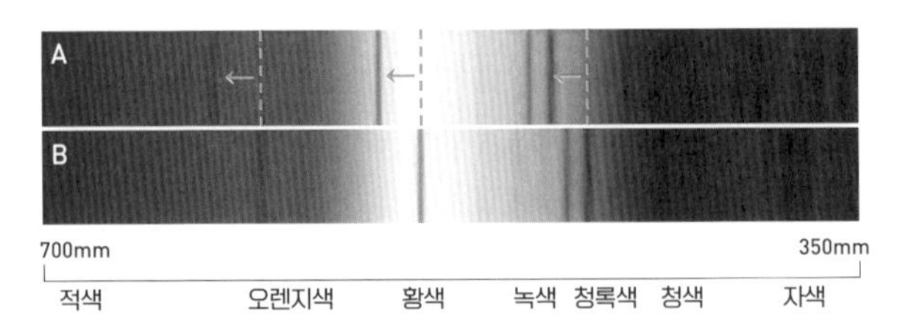

A는 후퇴 속도가 빠른 은하,
후퇴 속도가 느린 은하 B보다 스펙트럼선이 밝은 쪽으로 이동했다

정의	은하의 후퇴 속도는 우리 은하로부터 떨어진 거리에 비례해서 빨라진다.
발견자	에드윈 허블Edwin Powell Hubble(1889~1953, 미국의 천문학자)
수식	$v = kr$ v : 후퇴 속도(km/s) k : 허블 상수(71±4km/s/Mpc) r : 거리(억 광년)

눈의 휘둥그레질 만큼 아름다운 천체 사진을 우주에서 보내주는 허블 우주 망원경은 약 600킬로미터 상공의 지구 주회 궤도를 돌고 있는 천문 관측용 위성 망원경으로, 지름 2.4미터의 반사경을 가지고 있다. 우주에는 공기가 없는 까닭에 대기의 흔들림에 따른 영상의 열화(외부 혹은 내부적 영향에 따라 화학적 및 물리적 성질이 나빠지는 현상)가 일어나지 않는다. 그래서 망원경을 통해 반사경의 광학적 한계에 가까운 수준의 해상도를 자랑하는 사진을 얻을 수 있다. 허블 우주 망원경은 그 극한의 능력을 활용해 100억 광년 이상 떨어진 우주의 끝에 있는 은하의 모습을 보여줬는데, 역시 그곳에도 우리 은하와 같은 소용돌이 모양의 은하나 막대 모양의 은하가 많이 존재함을 알 수 있었다.

현재는 우주가 빅뱅 이후 줄곧 팽창을 계속하고 있는 것으로 생각되고 있다. 우주가 팽창하고 있음을 최초로 발견한 사람은 미국의 천문학자인 에드윈 허블로, 허블 우주 망원경의 명칭은 그의 이름에서 따온 것이다.

빛의 적색 편이

1929년, 미국 윌슨산 천문대에 있는 구경 2.5미터의 반사 망원경을 사용해 은하계 밖에 있는 은하의 분광 사진을 촬영한 에드윈 허블은 멀리 있는 우주일수록 스펙트럼선이 적색 쪽으로 크게 치우친다는 것을 발견했다. 이렇게 스펙트럼선이 적색 쪽으로 치우치는 것을 '적색 편이'라고 한다. 217쪽의 도플러 효과에서 설명했듯이 적색 쪽으로 치우친다는 것은 빛의 파장이 길어졌다는 뜻으로, 멀리 떨어진 은하가 빠른 속도로 우리 은하로부터 멀어지고 있음을 의미한다. 구급차가 가까워질 때의 사이렌 소리는 높게 들리지만, 멀어질 때는 낮게 들린다. 이것은 가까울 때는 음의 파장이 짧고, 멀 때는 길기 때문으로 이와 같은 일이 빛에서도 일어나고 있는 것이다.

또한 멀리 떨어져 있는 은하일수록 적색 편이가 크다는 것은 먼 은하일수록 후퇴 속도도 빠르다는 것(지구로부터 빠른 속도로 멀어지고 있음)을 의미한다. 허블은 이 관계를 자세히 조사해 '은하의 후퇴 속도는 우리 은하로부터 떨어진 거리에 비례해 빨라진다'라는 법칙을 발견했다. 이것은 우주가 맹렬한 속도로 팽창하고 있다는 뜻으로, 현재의 빅뱅 우주론의 기초가 되었다.

070
심리

파레토의 법칙

Pareto principle

일부를 보면 전체를 알 수 있다

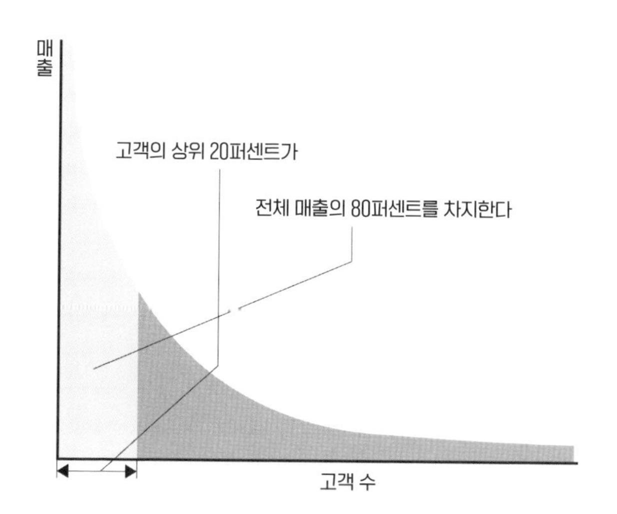

정의	20퍼센트의 고소득자가 사회 전체 소득의 80퍼센트를 차지한다.
발견자	빌프레도 파레토Vilfredo Federico Damaso Pareto(1848~1923, 이탈리아의 경제학자)

당신은 백화점이 우수 고객에게 보내는 세일 안내 책자를 받아본 적이 있는가? 이는 주로 물건을 많이 구입하는 고객에게 보내는데, 이것의 판단 기준이 되고 있는(그럴 가능성이 있는) 것이 '파레토의 법칙'이다.

파레토의 법칙은 이탈리아의 경제학자인 빌프레도 파레토가 제창한 것이다. 이 법칙은 전체의 20퍼센트를 차지하는 고소득자가 사회 전체 부의 80퍼센트를 차지하고 있으며, 80퍼센트의 저소득자에게는 나머지 20퍼센트의 부만이 돌아간다는 것이다. 그는 이를 통해 부의 재분배의 중요성을 역설했는데 얄궂게도 현재는 마케팅 용어로써 널리 알려져 있다.

흔히 20 대 80의 법칙으로 불리기도 하는 이 법칙은 백화점을 예로 들면 고객의 상위 20퍼센트가 전체 매출의 80퍼센트를 차지한다는 의미다. 이 경험칙(관찰과 측정에서 얻은 법칙)은 마케팅의 세계에서는 홍보 메일을 비롯한 다양한 방면에서 응용되고 있다.

이 법칙을 그래프로 표현하면 앞의 그림과 같은 모양이 된다. 한쪽이 크게 높아지다가 일정 지점까지 내려가면 그다음에는 완만한 경사를 이루고 마지막에는 가는 꼬리처럼 길게 이어진다.

이 그래프를 어딘가에서 본 것 같다고 느끼는 사람도

있을 것이다. 그렇다. '롱테일'을 설명할 때 사용되는 그림과 같다. 롱테일은 멱법칙(파레토와 반대로 80퍼센트의 다수를 주목한다) 그래프의 가는 꼬리(테일) 부분을 말하는데, 이는 재고 관리와 판매 시스템의 디지털화를 통해 소량밖에 팔리지 않는 상품들을 갖춰 놓으면 전체적인 매출을 끌어올릴 수 있다는 발상이다.

파레토의 법칙은 마케팅뿐만 아니라 다양한 분야에서 사용되고 있다. 컴퓨터 프로그램의 버그 중 상위 20퍼센트를 수정하면 오류의 80퍼센트를 없앨 수 있다는 마이크로소프트의 경험칙도 그중 하나다.

071
물리

반사의 법칙

Law of reflection

빛이 들어갈 때와 나올 때의 각도의 크기는 같다

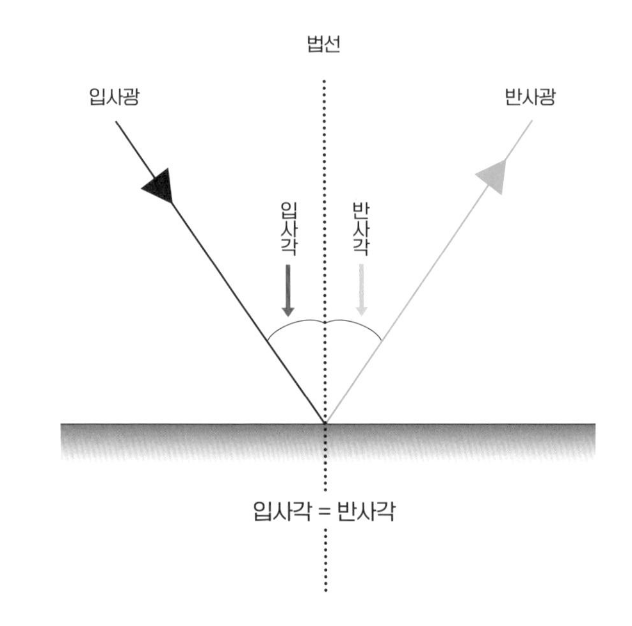

정의

매질A에서 매질B를 향한 빛은 경계면의 한 점에서 반사되며, 이때 입사각과 반사각의 크기는 같다.

반사의 법칙은 누구나 경험을 통해 금방 이해할 수 있다. 거울을 봤을 때 자신의 얼굴이 비치는 것은 거울 표면이 빛을 반사하고 있기 때문이다. 또한 거울로 햇빛을 반사시킬 때 각도(태양과의 각도)를 바꾸면 의도한 방향에 햇빛을 반사시킬 수 있다. 반사는 굴절과 달리 반드시 입사각과 반사각이 같기 때문에 본인이 의도한 방향으로 햇빛을 반사시킬 수 있는 것이다.

앞의 그림처럼 반사면에서 수직으로 그은 법선과의 각도가 입사각과 반사각이며, 이 둘은 항상 같다는 것이 곧 반사의 법칙이다.

반사와 산란의 메커니즘

반사는 간단한 현상처럼 보이지만 사실은 의외로 어려운 메커니즘이다. 양자 역학의 관점에서 말하면 반사는 전자가 광자를 일단 받은 뒤에 다시 던지는 캐치볼과도 같다.

반사와 비슷한 현상으로 산란이 있다. 이것은 빛이 빛의 파장보다 작은 입자(원자나 전자 등)에 부딪혀 다양한 방향으로 반사되는 현상을 말한다. 빛을 반사하는 입자의 크기가 빛의 파장보다 짧을 때를 레일리 산란Rayleigh Scattering이라 하는데, 빛이 기체나 투명한 액체 및 고체를 통과할 때 발생한다. 평소 하늘이 푸르게 보이는 것도 레일리 산란에 의한 것으로, 푸른색(가시광선 가운데 파장이 짧은 빛)이 많이 반사되기 때문이다.

그런가 하면 입자의 크기가 빛의 파장과 비슷한 경우는 미 산란Mie Scattering이라고 한다. 구름이 하얀 것도 미 산란의 영향이다. 구름 속의 입자 중에는 빛의 파장과 크기가 유사한 것이 있어서 가시광선의 모든 파장을 반사하기 때문에 하얗게 보이는 것이다.

그 밖에 난반사라는 말도 있는데, 이는 빛이 물체의 까칠까칠한 면(빛의 파장보다 커다란 요철)에 부딪혀 일정하지 않은 방향으로 반사되는 것을 말한다. 우리가 물체를 볼 수 있는 것도 난반사 덕분이다.

반사의 경우에는 빛이 같은 매질 속을 나아가기 때문에 굴절처럼 파장의 차이로 굴절률이 달라지지 않는다. 그래서 반사경을 사용한 반사 망원경은 굴절 망원경과 달리 색수차(색에 따라 렌즈의 초점이 달라지고, 상의 전후 위치가 달라지는 현상)가 발생하지 않는 것이다.

072
물리

만유인력의 법칙

Law of universal gravitation

사과는 아래로 떨어지는데 달은 왜 떨어지지 않을까?

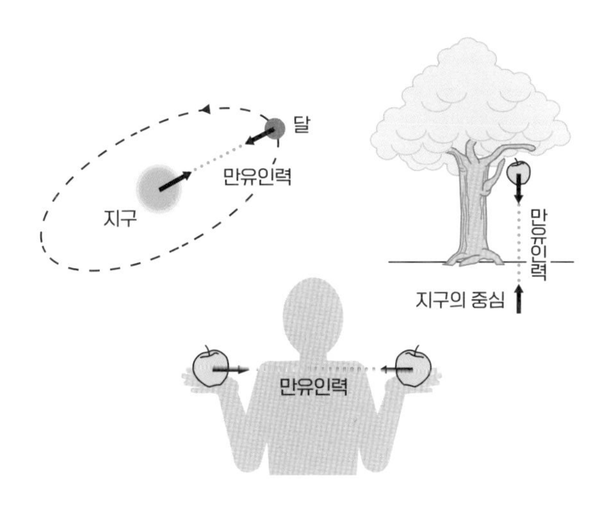

정의	물체와 물체 사이에는 만유인력이 작용하며, 그 크기는 두 물체의 질량의 곱에 비례하고 거리의 제곱에 반비례한다.
발견자	아이작 뉴턴
수식	$$F = G\frac{m_1 m_2}{r^2}$$ F : 만유인력(N)　m_1 : 물체1의 질량(kg) m_2 : 물체2의 질량(kg) r : 두 물체의 중심 사이의 거리(m) G : 중력 상수(6.67259×10^{-11}N · m^2 · kg^{-2})

뉴턴이 사과가 떨어지는 것을 보고 의문을 품게 된 일화는 너무나 유명하다. 사실 아래로 떨어지는 것은 사과만이 아니다. 높은 곳에 있는 어떤 물체든지 받침대를 잃게 되면 반드시 지면으로 떨어진다. 그렇다면 떨어지지 않는 존재도 있을까?

예를 들면 달이 있다. 달은 하늘 뒤를 규칙적으로 돌고 있는데 지구로 떨어질 기미는 전혀 보이지 않는다. 그래서 뉴턴은 '사과는 떨어지는데 왜 달은 떨어지지 않을까?'라는 질문을 갖게 됐다. 마침내 그는 사실 달도 떨어지고 있지만 공전을 통해 항상 앞으로 나아가고 있기 때문에 그 속도와 지구의 인력이 균형을 이뤄서 추락하지 않고 항상 같은 궤도를 돌고 있는 것이라는 결론에 도달했다. 뉴턴은 이 생각을 발전시켜 '만유인력의 법칙'을 정리했다.

중력 상수란?

만유인력의 공식에는 'G'라는 기호가 나온다. 이것은 중력 상수 혹은 만유인력 상수라는 것으로, 값은 6.67259×10^{-11}으로 매우 작은 편이다.

다만 뉴턴은 중력 상수의 값을 추정했을 뿐이며, 실험을 통해 값을 구한 최초의 인물은(112쪽의 '캐번디시의 실험'

에서 언급했듯) 영국의 물리학자인 헨리 캐번디시다. 캐번디시는 뉴턴이 만유인력의 법칙을 발견한 지 약 100년 뒤에 그 유명한 실험을 실시해 지구의 밀도를 구하고 그 결과를 바탕으로 중력 상수를 결정했다.

계산해보자

몸무게가 50킬로그램인 사람 2명이 1미터 간격으로 서 있다. 두 사람 사이에 작용하는 만유인력의 크기는 얼마일까?

만유인력의 공식에 대입해보자.

$F=6.67259\times10^{-11}\times(50\times50)/1^2$

그러므로 $F=16681\times10^{-11}N$

N을 알기 쉽게 중량그램(gf)으로 환산하면,

$1.7\times10^{-5}gf$

즉, 몸무게가 50킬로그램인 사람 2명이 1미터 간격으로 서 있으면 둘 사이에는 17마이크로그램중(μgf)이라는 아주 작은 값의 만유인력이 작용한다.

073
사회

피터의 법칙

Peter Principle

인간은 모두 다 무능하나

사회에서는 윗사람일수록 능력이 더 부족하다

정의	사람은 출세할수록 무능해진다.
발견자	로렌스 J. 피터 Laurence J. Peter(1919~1990, 캐나다의 교육학자)

직장에서 '나는 왜 이렇게 무능할까?'라고 생각한 적이 있는가? 그렇다면 걱정하지 마라. 사실 모두가 무능하다. 그저 드러내면 꼴사나우니 다들 조용히 숨기고 있을 뿐이다. 이 법칙은 미국의 교육학자인 로런스 J. 피터가 제창한 것으로, 기업 등의 조직에 몸담고 있는 사람은 업무에서 성과를 낼 때마다 점점 상위 계층으로 올라가게 되지만 결국은 무능해지고 만다고 한다.

왜일까? 그 이유는 성과를 내서 승진하더라도 그것이 진짜 실력이라는 보장은 없으며(대부분 운이 좋았을 뿐), 상위 계층으로 올라가면 갈수록 모르는 것도 아는 척을 해야 하기 때문이다. 또한 젊은 사원은 아직 제대로 된 무능의 수준(!)에 다다르지 못한 미숙한 단계여서 애소에 업무를 제대로 해내지조차 못하기 때문에 역시 무능하다고 할 수 있다. 기업 조직의 내부는 이런 메커니즘이 작용해 결국 무능한 사원으로 가득해진다는 것이 바로 '피터의 법칙'이다.

다만 무능하다고 해도 능력이 전혀 없다는 의미는 아니며, 정확하게는 능력 부족에 더 가깝다. 애초에 주어진 업무를 100퍼센트로 처리해낼 수 있는 사람은 존재하지 않는다. 모두들 자신이 처한 상황을 적당히 헤쳐나가고 있을 뿐이라고 보는 편이 맞다.

그러나 정말로 모두가 무능하다면 어떻게든 조치를 취해야 한다. 무능하다는 말은 곧 회사에 필요 없는 인재라는 뜻이 아닌가? 회사든 사원이든 이런 생각에 불안해질 터인데, 이를 타파할 한 가지 유일한 방법은 '승진을 없애는 것'이다. 높은 자리에 올라가지 않는다면 무능하더라도 문제가 생기지 않는다.

반대로 처음부터 무능한 사원만을 승진시킨다는 역발상도 있다. 이것이 미국의 인기 만화인 스콧 애덤스의 「딜버트」에서 풍자적으로 이야기되는 딜버트의 법칙이다. 일종의 우스갯소리처럼 들릴지도 모르지만 피터의 법칙은 사업을 하거나 회사를 다니는 사람에게는 매우 공감되는 이야기가 아닐까 싶다.

앞으로는 술집에서 "우리 회사에는 왜 이렇게 하나같이 멍청이들만 있는 거지?"라며 울분을 토하기 전에 피터의 법칙을 떠올려보길 바란다.

074
수학

피타고라스의 정리

Pythagorean theorem

무려 100개가 넘는 증명 방법이 존재하는 정리

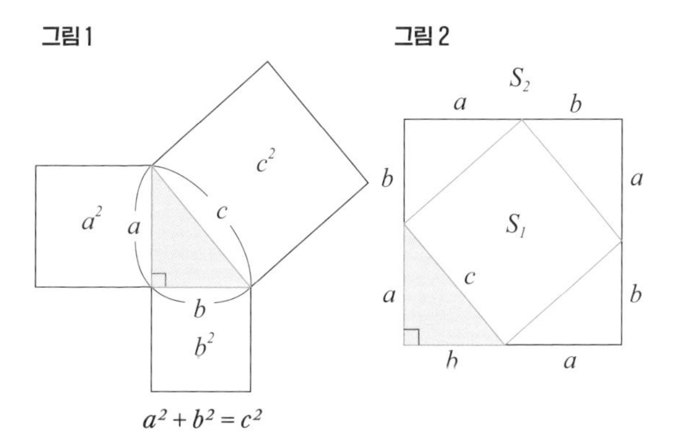

정의	직각삼각형의 세 변을 a, b, c라고 하고 c가 빗변일 때, $a^2+b^2=c^2$이다.
발견자	피타고라스Pythagoras(기원전 570~495, 고대 그리스의 수학자 · 철학자)
수식	$a^2 + b^2 = c^2$ c : 빗변

수많은 정리 중에서도 가장 유명한 것을 꼽는다면 역시 '피타고라스의 정리'일 것이다. 직각삼각형 빗변의 길이의 제곱은 다른 두 변의 길이의 제곱을 더한 것과 같다는 정리다. 그림1과 같이 삼각형의 바깥쪽에 정사각형을 그려 보면 대충 이해가 될 것이다.

피타고라스가 어떻게 이 정리를 발견했는지는 정확히 알 수 없지만 일설에 따르면 바닥에 붙어 있었던 규칙적인 타일 위에 그림을 그리다가 깨닫게 됐다고 한다.

피타고라스 정리의 증명

피타고라스의 정리를 증명하는 방법은 여러 가지가 있다. 가장 간단하고 알기 쉬운 방법은 앞 페이지의 그림2와 같이 직각삼각형을 포함한 정사각형을 그리고 각 변의 길이에서 수식을 이끌어내는 것이다. 직각삼각형의 세 변의 길이를 각각 a, b, c라고 하면, 빗변 c의 길이를 한 변으로 삼는 정사각형 S_1의 넓이는 a+b를 한 변으로 삼는 큰 정사각형 S_2의 넓이에서 합동인 직각삼각형 4개의 넓이를 뺀 것과 같다. 그러므로 다음과 같은 식이 나온다.

$$c^2=(a+b)^2-(1/2\times ab\times 4)$$

$=(a^2+b^2+2ab)-2ab$

$=a^2+b^2$

아인슈타인의 증명

피타고라스의 정리를 증명하는 방법은 100종류 정도가 있다고 알려져 있다. 아래의 그림은 아인슈타인이 발견한 증명 방법으로, 삼각형의 닮음을 이용한 것이다.

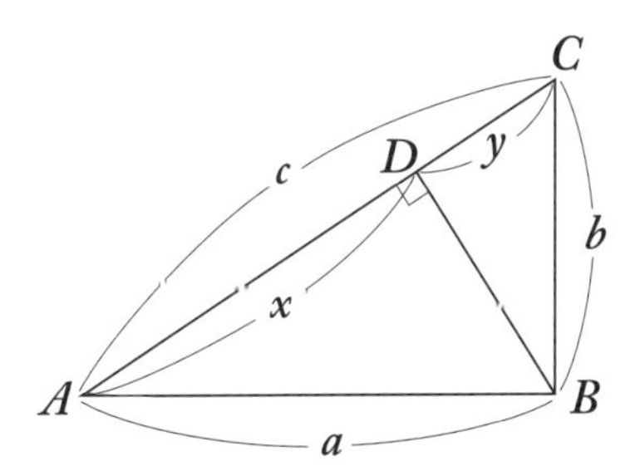

삼각형 ABC, ABD, BCD는 서로 닮음이므로,

$$c : a = a : x$$
$$c : b = b : y$$
$$x + y = c$$

그러므로

$$\frac{a^2}{c} + \frac{b^2}{c} = c$$

이에 따라

$$a^2 + b^2 = c^2$$ 이 성립한다

075
수학

한붓그리기의 법칙

Eulerian path

쾨니히스베르크에 있는 7개의 다리를 펜을 떼지 않고 한 번에 돌 수 있을까?

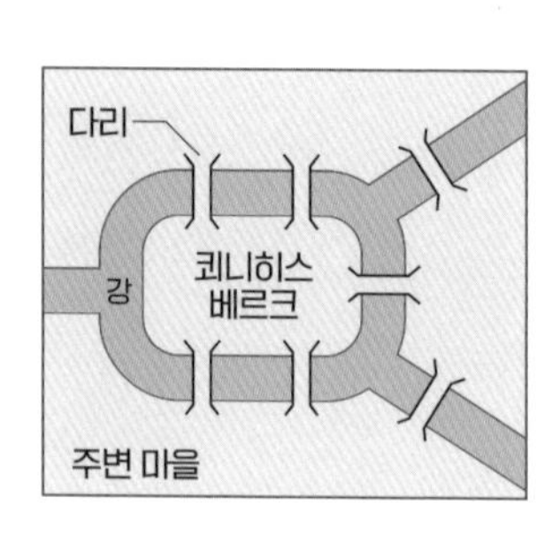

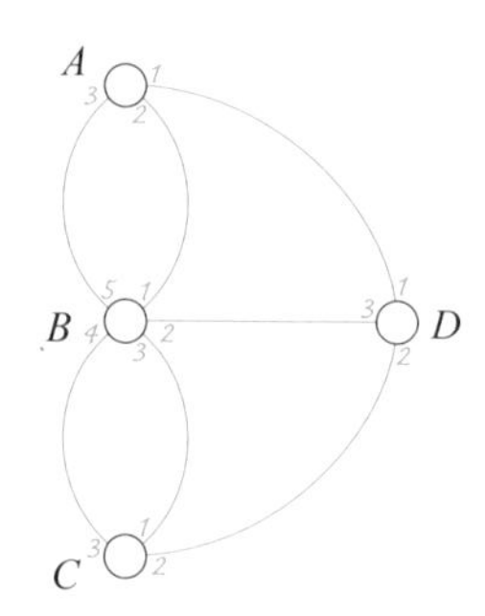

A : 3 B : 5 C : 3 D : 3

정의	홀수 개의 선이 모이는 점이 3개 이상 있는 도형은 한붓그리기를 할 수 없다.
발견자	레온하르트 오일러

한붓그리기란 연필을 종이에서 떼지 않은 채로 도형의 모든 선을 단 한 번 만에 그리는 것이다. 이때 같은 경로를 두 번 이상 지나가서는 안 된다. 가령 삼각형(△)이나 사각형(□)은 어떤 점에서 시작하든 간에 손쉽게 한붓그리기를 할 수 있는 도형이다. 그렇다면 좀 더 복잡한 도형의 경우, 한붓그리기가 가능한지 가능하지 않은지를 어떻게 판단해야 할까?

'쾨니히스베르크의 다리'라는 유명한 한붓그리기 문제가 있다. 내용은 다음과 같다. 18세기에 프로이센의 도시였던 쾨니히스베르크(현재는 러시아의 칼리닌그라드)의 중심부를 흐르는 프레겔강에는 중앙의 섬을 연결하는 7개의 다리가 걸려 있는데, 이 다리들을 전부 한 번씩만 건너서 원래의 장소로 돌아올 수 있을까? 출발은 어느 지점에서 해도 상관없다.

이 문제를 푼 사람은 수학자인 레온하르트 오일러다. 1736년에 오일러는 이 문제를 앞의 그림과 같은 단순한 도형으로 치환했다. 그리고 이 그림을 통해 펜을 떼지 않고 7개의 다리를 한 번에 지나가는 것은 불가능하다는 사실을 증명했다.

오일러의 증명

한붓그리기의 가능 여부는 어떻게 해야 알 수 있을까? 먼저 선과 선을 연결하는 점에 주목하자. 점은 펜이 선 위를 이동할 때 반드시 통과하게 되는 포인트다. 통과하는 점에는 반드시 들어오는 선과 나가는 선이 있다. 선이 하나뿐이라면 나가거나 들어오는 것 중 한 가지밖에 할 수 없는 것이다. 즉, 한붓그리기가 시작되는 점과 끝나는 점은 선이 나가기만 하거나 들어오기만 한다. 그러므로 그 점을 드나드는 선의 개수는 홀수가 된다. 또한 도중에 있는 통과하는 점은 들어오는 선과 나가는 선이 연결되어 있으므로 선의 개수가 짝수가 된다.

따라서 점에 들어오고 나가는 선을 세었을 때, 연결되어 있는 선이 홀수 개인 점이 2개라면 시작점과 끝점을 설정할 수 있으므로 한붓그리기가 가능하다. 그러나 홀수 개인 점이 3개 이상이라면 한붓그리는 불가능해진다. 쾨니히스베르크의 7개의 다리는 그림에 나오듯이 4개의 점이 모두 홀수 개의 선과 연결되어 있기 때문에 한붓그리기를 할 수 없는 것이다.

076
화학

패러데이의 전기 분해 법칙

Faraday's law of electrolysis

전류가 흐른 순간에 생성량이 결정된다

물의 전기 분해

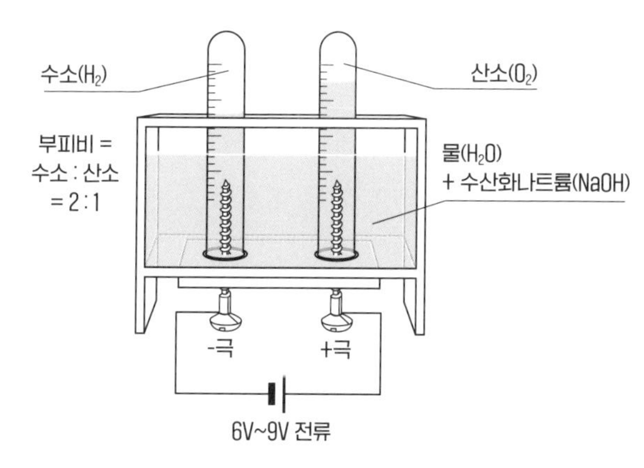

정의

[제1법칙] 전기 분해를 통해서 전극에 발생하는 물질의 양은 전기량(전류×시간)에 비례한다.

[제2법칙] 1그램의 물질을 석출하기 위해 필요한 전기량은 물질의 종류와 상관없이 일정하다.

발견자

마이클 패러데이

수식

$$\omega = k \cdot I \cdot t$$

ω : 석출량
k : 석출 질량의 전기 화학 당량(비례상수)
I : 전류(A)
t : 시간(s)

전기를 흘려보냄으로써 화학 반응이 일어나는 현상을 전기 분해라고 한다. 전기 분해라고 하면 어릴 때 배운 다음과 같은 내용을 떠올리는 사람이 많을 것이다. 먼저 액체 속에 전극을 2개 집어넣고, 한쪽에 플러스, 다른 한쪽에 마이너스의 전압을 건다. 그러면 양극(+극)에서는 수용액 속의 물질에서 전자가 빠져나가고, 반대로 음극(-극)에서는 전자를 얻게 된다. 이때 전자가 빠져나가는 것을 산화, 전자를 얻게 되는 것을 환원이라고 한다. 이 작용이 일어나면 전극 주위에 물질이 붙거나 기체가 발생한다. 전기의 힘으로 어떤 물체를 분해하기 때문에 이것을 전기 분해라고 부르는 것이다.

물의 전기 분해

중학교 과학 시간에 물의 전기 분해를 배울 때 다음과 같은 실험을 해봤을 것이다. 비커 속에 물과 2개의 전극(백금 등)을 넣는다. 물은 그 상태에서는 전기가 잘 통하지 않기 때문에 수산화나트륨을 넣어서 약 5퍼센트 농도의 수산화나트륨 수용액으로 만들어주고, 전극에는 6볼트에서 9볼트 정도의 직류 전기를 흘려보낸다. 그러면 음극에서는 다음과 같은 반응이 일어나 산소가 발생한다.

$$2H_2O + 2e- \rightarrow H_2\uparrow 2OH-$$

또한 양극에서는 아래 같은 반응이 일어나 산소가 발생한다.

$$2OH- \rightarrow H_2O + 1/2O_2\uparrow + 2e-$$

이 두 식을 하나로 합치면 다음과 같다.

$$H_2O \rightarrow H_2\uparrow + 1/2O_2\uparrow$$

이와 같이 물에 전류를 흘려보내면 수소와 산소가 2 대 1의 비율로 생긴다는 것이 물의 전기 분해다.

전기 분해에서는 기체의 발생량이 전기의 크기에 비례하고(제1법칙) 또한 일정량의 물질을 발생시키기 위해 필요한 전기량은 물질의 종류와 상관없이 일정하다(제2법칙). 페러데이는 이 전기 분해 법칙을 1833년에 발견했는데, 이는 그 후 전기와 화학의 발전에 크게 공헌했다.

077
화학

반트 호프의 법칙
Van't Hoff's law

삼투압의 방정식

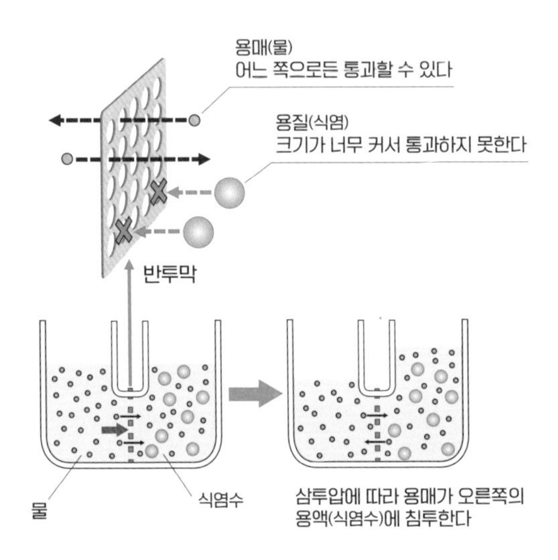

정의

삼투압은 온도가 일정할 경우 용액의 농도에 비례하며, 농도가 일정할 경우에는 온도에 비례한다.

발견자

야코뷔스 반트 호프Jacobus Henricus van't Hoff(1852~1911, 네덜란드의 화학자)

수식

$$\pi v = nRT$$

v : 용액의 부피(l)　T : 온도(K)
n : 용질의 물질량(mol)
π : 삼투압(hPa)
R : 기체 상수

반트 호프의 법칙은 1886년에 네덜란드의 화학자인 야코뷔스 반트 호프가 발견한 삼투압의 법칙이다. 반투막으로 차단된 용기의 한쪽에 용매를, 다른 한쪽에 용액을 넣으면 용매의 일부가 반투막을 지나 용액 쪽으로 이동한다. 이때의 압력 차이를 삼투압이라고 한다. 삼투압의 크기는 온도가 일정할 경우 용액의 농도에 비례하고, 농도가 일정할 경우에는 온도에 비례한다.

용매(혹은 용제)라는 것은 고체·액체·기체 등을 용해시키는 액체를 가리킨다. 가령 물에 식염을 녹인 식염수의 경우는 물이 용매이며, 식염을 용질이라고 한다. 또한 용매와 용질을 합친 식염수를 용액이라고 한다. 그리고 생체의 세포막이나 고분자인 셀로판막처럼 크기가 일정 수준 이상인 분자는 통과시키지 않는 성질을 지닌 막을 반투막이라고 한다.

삼투압 실험을 하려면 U자 모양의 시험관의 중앙 부분에 반투막을 고정시키고 한쪽에 용매, 다른 한쪽에 용액을 넣는다. 시간이 지나면 용매가 용액에 침투해 용액의 액면(액체의 표면)이 더 높아진다. 단, 액면의 높이 차이(기압차)가 일정 값에 이르면 더는 높아지지 않는다. 이때의 압력 차이가 삼투압의 크기다.

또한 삼투압의 방정식은 이상 기체(보일-샤를의 법칙이

완전하게 적용된다고 여겨지는 가상의 기체)에 관한 방정식[●]과 같다. 즉, 액체의 삼투압과 기체의 성질에 관한 법칙들(보일의 법칙, 샤를의 법칙, 보일-샤를의 법칙, 아보가드로의 법칙)은 모두 동일한 원리로 작용하고 있는 것이다.

식물이 꼿꼿하게 서서 자라는 이유

동물이나 식물의 세포에는 세포막이 있다. 이 세포막 역시 물을 통과시키는 반투막이다. 식물에 물을 주면 뿌리에서 빨아 올린 물(용매)이 세포막을 통해 세포 안으로 들어간다. 이에 따라 세포 내부의 압력(팽압)이 높아져서 부풀며, 그 결과 식물은 생기가 넘치게 자랄 수 있는 것이다. 반대로 물이 부족해지면 세포 내부의 물이 줄어들고 세포 내부의 압력이 작아져서 점점 시들어 간다.

● $PV = nRT$

p : 기체의 압력　V : 기체의 부피

n : 기체의 mol수　R : 기체 상수

T : 온도

078
정보

피츠의 법칙

Fitts's law

컴퓨터가 쓰기 편한 것은 모두 피츠의 법칙 덕분이다

$$t=\log_2(A/W+1)$$

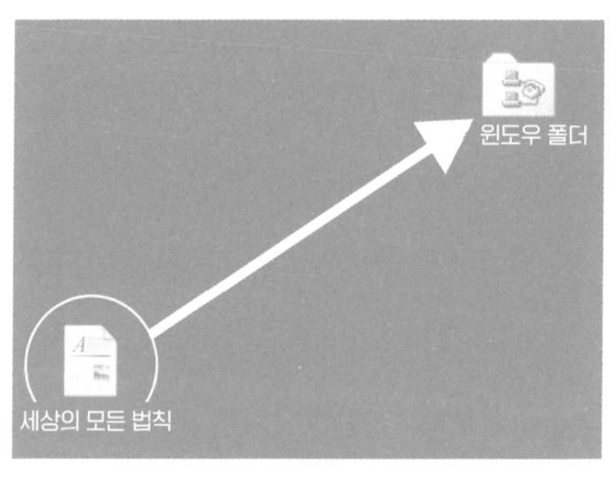

마우스의 이동 거리 · 이동 시간 · 대상물의 크기가
사용하기 쉬운 GUI를 결정한다

정의	모니터 화면에서 마우스 포인터가 대상 영역까지 도달하는 시간은 대상물까지의 거리와 대상물의 크기에 비례한다.
발견자	폴 피츠Paul M. Fitts(1912~1965, 미국의 심리학자)
수식	$t = \log_2(A/W+1)$ t : 포인터의 이동에 소요되는 시간 A : 포인터에서 대상물까지의 거리 W : 대상물의 크기

이제는 컴퓨터를 마우스로 조작하는 것이 너무나 당연한 시대가 되었다. 노트북의 경우는 터치패드를 사용할 때도 많지만 어쨌거나 마우스든 터치패드든 손으로 움직이면 화면에 표시되어 있는 포인터(와 같은 아이콘)가 그 움직임에 맞춰서 위치를 옮긴다. 또한 포인터는 단순히 움직임에 맞춰서 그대로 이동하는 것이 아니라 가속해서 더 빠르게 움직이도록 조정되어 있다. 이 기능 덕분에 높은 해상도의 대형 모니터에서도 마우스가 시원시원하게 움직이는 것이다.

이런 연구를 남들보다 앞서서 한 인물이 미국의 심리학자인 폴 피츠다. 그는 원활한 그래픽 유저 인터페이스를 위해 인간이 손을 움직이는 행위와 포인터의 빠르기, 목표한 대상물까지의 거리, 대상물의 크기 등을 바탕으로 포인팅 디바이스의 움직임을 모델화했다. 이때가 1954년으로 IBM의 비즈니스용 컴퓨터가 이제 막 등장하기 시작하고, 아직 종이 천공 테이프가 사용되던 시대다. 그런 시기에 마우스나 터치패드 그리고 최근의 스마트폰에서 쓰이고 있는 터치패널을 사용하기 쉽게 만들기 위한 기초 연구를 한 것이다.

마우스의 발명

마우스는 더글러스 엥겔바트(1925~2013)가 1967년경에 발명했다. 즉, 피츠가 법칙을 제창했을 무렵에는 아직 마우스가 존재하지 않았다는 뜻이다. 그러나 마우스가 발명된 지 약 17년이 지난 1984년, 개인용 컴퓨터인 애플의 매킨토시에 최초로 마우스가 등장했다. 마우스라는 포인팅 디바이스는 컴퓨터를 누구나 쉽게 사용할 수 있는 기계로 만드는 데 큰 역할을 했다.

지금도 피츠의 법칙은 컴퓨터 화면에 표시되는 시각적인 오브젝트를 설계·디자인할 때 널리 활용되고 있다.

079
수학

피보나치 수
Fibonacci number

황금비를 형성하는 우아하고 아름다운 수

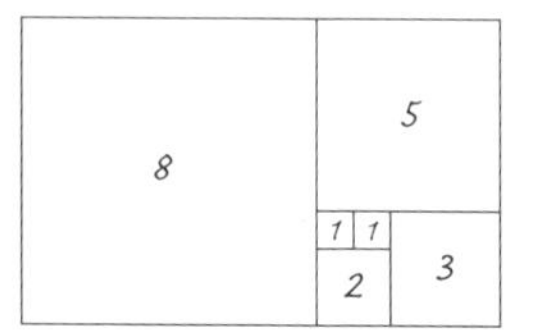

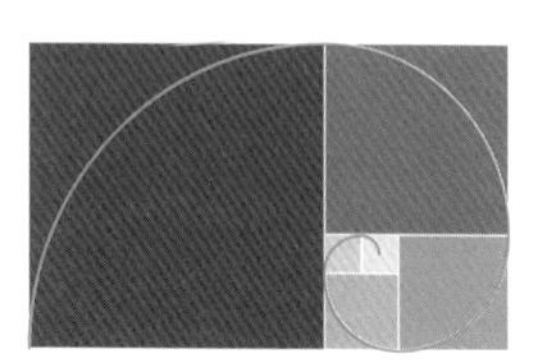

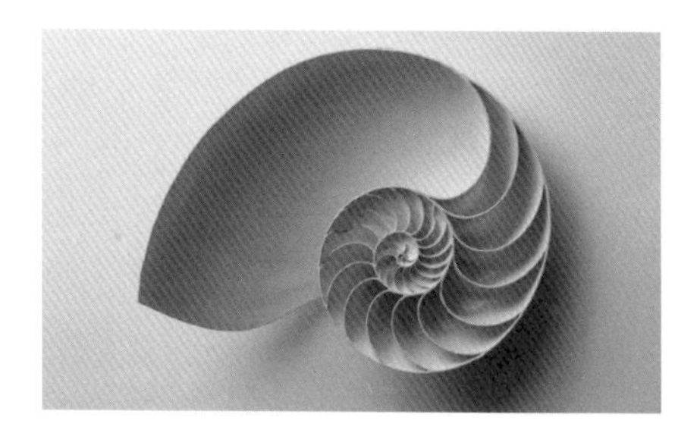

정의

1부터 시작해서 순서대로 앞의 두 수를 더해 나가면 만들어지는 수.

발견자

레오나르도 피보나치Leonardo Fibonacci 혹은 레오나르도 피사노Leonardo Pisano(1170~1250, 이탈리아의 수학자)

수식

$$F_{n+2} = F_n + F_{n+1} \ (n \geq 0) \quad F_0 = 0 \quad F_1 = 1$$

피보나치 수 =
0, 1, 1, 2, 3, 5, 8, 13, 21, 34, 55, 89, 144, ……

레노아르도 피보나치(혹은 레오나르도 피사노)는 이탈리아의 피사에서 태어났기 때문에 피사의 레오나르도로도 불린다. 그는 1202년에 『계산 책』을 써서 인도와 아라비아의 수학을 유럽에 전파했으며, 기하학과 이율의 계산 같은 실용적 수학의 세계를 개척했다.

『계산 책』에서 소개한 것이 피보나치 수열이다. '0, 1, 1, 2, 3, 5, 8, 13, 21, 34, 55, 89, 144……'와 같이 모든 항의 숫자가 앞의 두 항의 합이 되는 수열을 말한다. 이런 단순한 수열이 무슨 의미가 있느냐고 생각하는 사람도 있을지 모르겠으나 이 수열은 황금비와 관계가 있다. 가장 아름답게 느껴지는 비율을 의미하는 황금비는 근삿값으로 1 : 1.618이 된다. 피보나치 수열을 보면 '1, 2'는 1 : 2의 비율이지만 '2, 3'은 1 : 1.5, '3, 5'는 1 : 1.667, '5, 8'은 1 : 6으로 점점 황금비에 가까워짐을 알 수 있다.

피보나치 수는 자연 속에도 존재한다?

피보나치 수로 구성된 황금비는 앞에서도 설명했듯이 회화, 조각, 건축 등에 자주 사용되고 있다. 또한 자연계 생물 중에도 피보나치 수로 기술되는 것이 많다. 앞의 그림에 나온 소라 껍데기 모양의 구조가 대표적인 예다. 피보나치 수를 면적으로 삼아 그림과 같이 그려서 사각형을 만들다 보면 소라 껍데기와 유사한 나선형의 아름다운 모양이 생긴다.

그 외에 꽃잎의 형태나 솔방울, 해바라기 씨도 피보나치 수열로 구성돼 있다. 왜 이렇게 되는지는 정확히 알 수 없지만, 생물이 성장하기 이전에 생성된 몸의 형태를 따라서 새로운 부분이 생겨나기 때문에 (내피, 안쪽을 보호하도록 성장한 결과로 인한) 자연스럽게 이런 모양이 되는 것인지도 모르겠다.

080
물리

불확정성 원리
Uncertainty principle

한쪽을 알면 다른 한쪽은 알 수 없게 된다

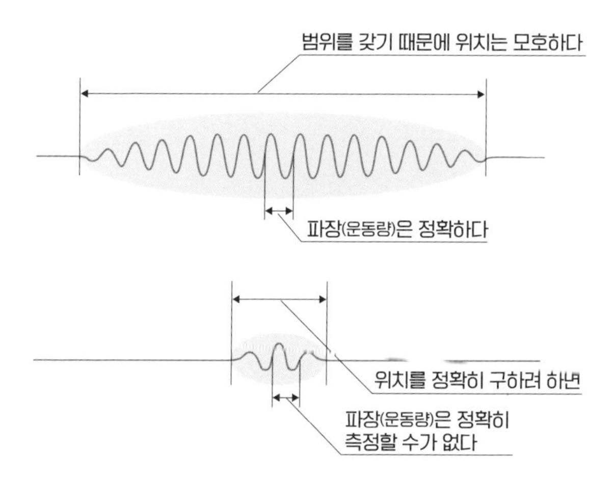

정의	양자론의 세계에서는 입자의 위치와 운동량을 동시에 측정할 수 없다.
발견자	베르너 하이젠베르크Werner Heisenberg(1901~1976, 독일의 이론 물리학자)
수식	$\Delta x \times \Delta p \geq h$ h : 플랑크 상수(6.626×10^{-34}J · s) Δx : 입자의 위치의 불확정도 Δp : 입자의 운동량의 불확정도

타자가 친 홈런 타구가 공중에서 아름다운 아치를 그리며 관중석으로 떨어지는 모습을 상상해보자. 야구 경기를 중계하고 있는 텔레비전 방송국의 카메라는 공을 쫓아가는데, 이때 촬영 기사가 공을 올바르게 쫓을 수 있는 이유는 공의 궤적을 예측할 수 있기 때문이다. 뉴턴 역학을 사용하면 날고 있는 공의 위치와 운동량(질량과 속도의 곱)을 계산할 수 있다.

평소 우리는 이러한 상황을 감각적으로 당연하게 여긴다. 그런데 전자나 광자 같은 양자가 움직이고 있는 미시의 세계에서는 이것이 그렇게 간단하지 않다. 왜냐하면 전자나 광자는 입자로서의 성질과 파동으로서의 성질을 함께 지닌 존재이기 때문이다. 만약 관측 대상이 입자라면 그것이 아무리 작더라도 어떤 시간에 어떤 위치에 있는지 특정할 수 있다. 그러나 전자 또는 광자의 양자 역학적인 실태는 진동하는 구름과 같은 범위를 가지고 있다. 그래서 운동량을 정확히 측정하면 위치를 정확히 알 수 없고, 반대로 위치를 정확히 측정하면 운동량을 정확히 예상할 수 없게 된다.

앞의 수식을 보면 알 수 있듯이, 위치의 불확정도와 운동량의 불확정도의 곱은 플랑크 상수 이하가 되지 않는 관계에 있다. 그래서 관측을 통해 어느 한쪽의 불확정도를 줄이면 다른 한쪽의 불확정도가 커져버리는 것이다. 이때 플랑크 상수는 양자론의 세계에서 미시의 물질의 행동에 관한 상수로, 에너지와 시간의 곱(줄×초)으로 나타낸다.

이 불확정성 원리는 1927년에 독일의 물리학자인 베르너 하이젠베르크가 제창했으며, 이를 통해 양자 역학의 기초가 확립되었다.

불확정성 원리를 응용한 통신

우리 삶 주변에도 불확정성 원리가 응용된 암호화 방식이 있다. 바로 양자 암호인데, 이는 양자가 가진 스핀(각운동량)이나 편광(전자기파에서 전기장 진동 방향이 일정하거나 회전하는 현상)의 방향에 관한 정보를 키로 삼는 암호로, 이를테면 도청으로 쉽게 설명된다. 제3자가 도청을 하면 그 순간 범위를 가지고 있었던 양자 정보가 바로 반응하여 한 점으로 수축하기 때문에 외부로부터의 간섭(도청)이 있었음을 알 수 있다. 양자 암호는 현재 전 세계에서 연구가 진행되고 있으며 일부는 실용화가 되었다.

081
물리

쌍둥이의 역설

Twin paradox

시간은 늘어나기도 하고 줄어들기도 한다

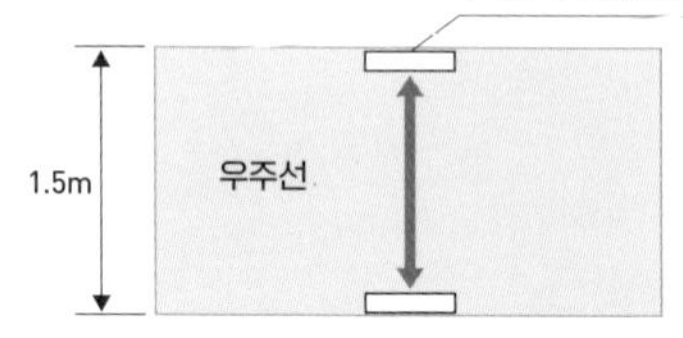

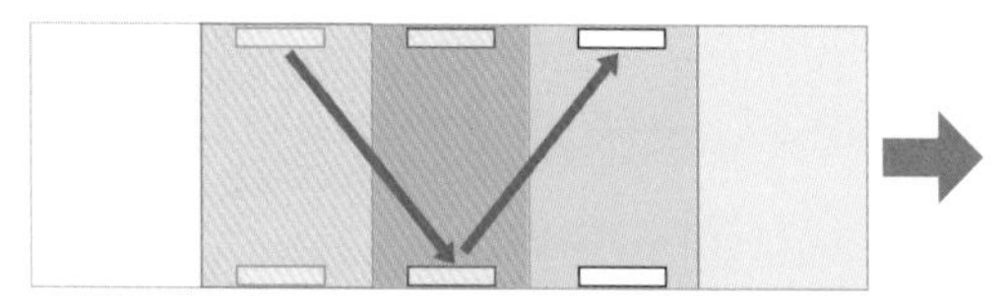

우주선이 광속에 가까운 속도로 오른쪽 방향을 향해 나아가면 우주선 내의 빛의 경로는 외부에서 봤을 때 그림처럼 길어지며, 우주선 내의 시간은 외부의 시간보다 천천히 흐른다

정의

쌍둥이 형이 광속에 가까운 속도로 날아가는 우주선을 타고 우주를 여행하다 지구로 돌아오니 쌍둥이 동생은 이미 오래전에 세상을 떠난 뒤였다.

발견자

알베르트 아인슈타인

수식

$$\Delta t_1 = \frac{1}{\sqrt{1-\frac{v^2}{c^2}}}\Delta t$$

t : 정지해 있는 관측자의 시간
t_1 : 운동하고 있는 관측자의 시간
v : 운동하고 있는 관측자의 속도
c : 광속

아인슈타인의 특수 상대성 이론에 따르면 고속으로 이동할 경우 시간이 느려진다. 빛의 속도가 초속 30만 킬로미터로 일정하며 변하지 않기 때문에 시간과 공간이 변화할 수밖에 없는 것이다.

사실 인간의 일상적인 감각에서 시간과 공간은 변하지 않는 절대적인 것이다. 또한 광속은 너무나도 빠르기 때문에 평소에는 빛의 속도를 의식할 일이 없다. 우리가 생활하고 있는 '느린' 세계에서는 시간이나 공간이 변화하는 것이 전혀 현실적인 의미를 갖지 않는다. 그러나 빛의 속도에 가까워지게 되면 비일상적인 현상이 일어난다.

쌍둥이의 역설은 특수 상대성 이론이 그리는 시간이 느려지는 세계의 역설을 나타낸 것이다. 쌍둥이 형제, 나이가 같은 한 형제가 있다고 가정해보자. 형은 광속에 가까운 속도로 비행하는 우주선을 타고 우주여행을 떠났다. 형이 탄 우주선의 내부에서는 시간이 지구보다 천천히 흐르기 때문에 지구에 돌아왔을 때는 동생이 형보다 더 나이를 먹은 상황이 벌어진다. 이 상태가 바로 역설이다.

특수 상대성 이론에 따르면 우주에서의 시간은 $\sqrt{1-\frac{v^2}{c^2}}$ 배가 느려진다. 형이 탄 우주선의 속도가 광속의 절반(초속 15만 킬로미터)이라고 가정하고 위의 식에 대입하면 1 마이너스 '0.5의 제곱'의 제곱근이 되므로 우주선 내부의 1년은 지구의 1.155년이 된다. 그리고 우주선의 속도가 광속에 가까워짐에 따라 우주선 내부의 시간은 더욱 천천히 흐르게 되어서, 광속의 0.9배일 경우는 우주선 내부의 1년이 지구의 2.294년, 광속의 0.99배일 경우는 약 7년, 광속의 0.999배일 경우는 약 22년, 광속의 0.9999배일 경우는 약 71년으로, 점점 시간이 느려진다. 나아가 우주선을 광속의 0.999999배까지 가속시키면 1년 동안 여행을 하고 지구에 돌아왔을 때 지구는 707년이 흐른 뒤가 된다.

어떤 부분이 역설일까?

그런데 한 가지 의문이 생긴다. 쌍둥이 형이 우주선을 타고 광속으로 우주여행을 했기 때문에 우주선의 내부에서 시간이 천천히 흘러 지구에 있는 동생이 형보다 나이를 많이 먹게 되었다고 했는데, 우주선의 내부에 있는 형의 입장에서는 동생이 있는 지구가 광속으로 움직이고 있다고도 말할 수 있다. 그렇다면 시간이 느리게 흐르는 쪽은 우주선의 내부일까, 아니면 지구일까?

바로 이 모순이 역설이라고 불리는 이유가 된다. 사실

형이 타고 있는 우주선은 지구에서 출발할 때 가속 운동을 하며, 목적지인 행성 근처에서 감속했다가 다시 가속해 지구를 향하고, 지구에 가까워지면 다시 감속을 한다. 이처럼 가속 운동이 있기 때문에 형이 탄 우주선의 내부와 지구가 서로 다른 관성계가 되어서 우주선의 내부가 시간이 더 천천히 흐르게 되는 것이다.

왜 시간이 느려지는 것일까?

앞의 그림처럼 우주선의 내부에 1.5미터 간격으로 거울 2개가 놓여 있다고 생각해보자. 한쪽 거울에서 빛을 발사하면 광속은 초속 30만 킬로미터이므로 빛이 반대쪽 거울에 부딪혀서 반사되어 돌아오기까지 10나노초(1억분의 1초)가 걸린다. 우주선이 광속에 가까운 속도로 나아가면 우주선의 내부에서 움직이는 빛은 비스듬하게 나아간다. 반사되어 돌아오는 빛도 역시 비스듬하게 나간다.

즉, 빛의 속도를 기준으로 생각하면 광속에 가까운 속도로 날아가는 우주선의 내부에서는 빛이 비스듬하게 나아가기 때문에 더 긴 경로를 지나가게 된다. 그리고 광속은 일정하기 때문에 긴 경로를 지나가면 그만큼 시간이 더 필요해진다. 그래서 광속에 가까운 속도로 날아가는 우주선의 내부에서는 시간이 느리게 흐르는 것이다.

정말로 시간이 느려지는 것일까, 아니면 그렇게 보일 뿐일까?

시간이 느려진다는 것은 어떤 것일까? 우주여행을 떠난 형은 동생보다 나이를 덜 먹게 될까? 실제로 광속으로 이동하는 물체에서는 시간이 느리게 흐른다. 이는 광속보다 속도가 훨씬 느린 경우도 미세하게 나타나는데, GPS 위성의 사례는 앞의 046쪽에서 이미 소개한 바 있다.

또 다음과 같은 사례에서도 시간의 느려짐이 확인되었다. 우주에서 지구의 대기권으로 날아오는 우주선은 고도 약 20킬로미터 상공에서 대기 속 원자의 원자핵과 충돌해 뮤온(뮤 입자)이라는 소립자를 만든다. 이 소립자는 광속에 가까운 속도로 비행하는데 수명(반감기)은 100만 분의 1.5초 정도에 불과하다. 아무리 광속(초속 약 3억미터)으로 비행한다 해도 이 시간 동안 나아갈 수 있는 거리는 겨우 450미터 정도에 불과하기 때문에 지상까지 도달하는 것은 거의 불가능에 가깝다. 그런데 실제로는 지상에서도 뮤온이 관측된다. 이것은 뮤온이 광속에 가까운 속도로 움직임으로써 상대성 이론의 효과가 발생해 시간이 느려지기 때문으로 생각되고 있다.

비행기 내부에서도 느리게 흐르는 시간

1971년 10월, 미국에서 국제선 여객기에 원자시계를 탑재하고 지구를 동쪽으로 돌 때와 서쪽으로 돌 때 비행기에 탑재한 원자시계가 각각 얼마나 느려지는지에 관한 실험을 실시했다. 그 결과, 서쪽으로 지구를 거의 한 바퀴 돌았을 때는 시간이 약 273나노초 빨리 흘렀고, 동쪽으로 돌았을 때는 약 59나노초 느리게 흘렀다.

비행 방향에 따라 시간의 속도가 달라진 이유는 적도의 자전 속도(1,667km/h) 때문이다. 자전을 거스르는 방향으로 나아간 서향 비행의 경우는 비행기의 속도가 빨라지고, 반대인 동향 비행의 경우는 속도가 느려진 것이다. 어쩌면 조종사나 승무원은 다른 사람들에 비해 아주 조금이지만 나이를 천천히 먹고 있을지도 모른다.

또한 시간이 느려지는 것은 고속으로 움직이고 있을 때만 일어나는 현상이 아니다. 일반 상대성 이론에 따르면 중력에 따라서도 시간이 느려진다. 가령 커다란 중력을 가진 블랙홀에 가까워지면 시간이 천천히 흐르게 된다. 지구에서도 중력이 큰 지표면과 중력이 작은 상공을 비교하면 지표면이 아주 조금이지만 시간이 더 느리게 흐른다.

082
물리

훅의 법칙

Hooke's law

용수철이 늘어나는 길이의 법칙

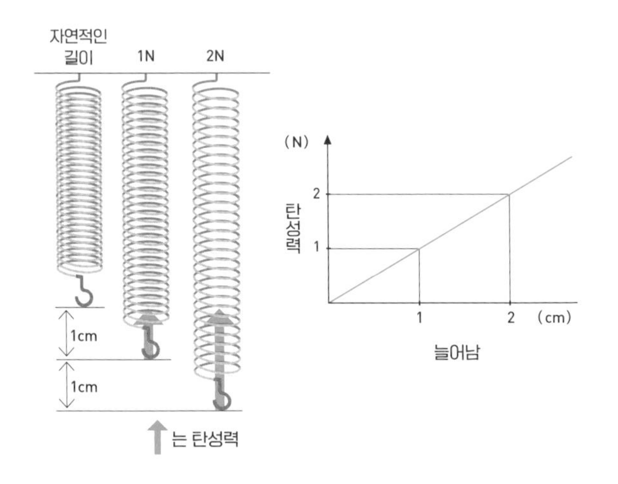

정의	탄성체는 탄성의 한계 내에서 외부로부터 가해진 힘에 비례해 변형된다.
발견자	로버트 훅
수식	$$F = kx$$ F : 탄성력의 크기(N) k : 용수철 상수(N/m) x : 용수철이 자연적인 길이에서 늘어나거나 줄어든 길이(m)

로버트 훅은 물리학·공학·광학·천문학·생물학 등 폭넓은 분야에서 활약한 17세기 영국의 과학자다. 생물학 분야에서는 직접 제작한 현미경을 사용해서 수많은 생물을 스케치한 책 『마이크로그라피아』로 유명하다. 이 책에는 코르크를 얇게 자른 조각을 현미경으로 확대했을 때의 스케치가 실려 있다. 코르크 조각을 확대하면 작은 구멍으로 나뉘어 있는 모습이 보이는데, 훅은 이 구멍을 작은 방에 비유해 셀Cell이라고 이름 지었다. 이는 라틴어로 작은 방을 뜻하는 단어 'Cellua'에 기원을 두고 있다. 셀은 현재 세포로 불리는 생물의 기본 구성단위다.

용수철저울은 훅의 법칙을 응용한 것

최근에는 거의 찾아볼 수 없게 되었지만 용수철저울이라는 것이 있다. 주로 청과물 가게나 정육점 등에서 채소나 고기의 무게를 잴 때 사용되었다.

이 저울 속에는 금속을 나선형으로 감아서 만든 용수철이 들어 있고 그 끝에 접시가 달려 있다. 접시 위에 물건을 올려놓으면 무게로 인해 용수철이 늘어난다. 늘어난 용수철 길이를 통해 물건의 무게를 알 수 있는 것이다. 여기서 '무게'라는 말을 사용했는데, 정확히는 용수철의 끝에 가해지는 힘이라고 할 수 있다. 용수철을 잡아당기는 힘의 크기와 용수철이 늘어나는 길이는 비례한다. 이것이 훅의 법칙이다.

그리고 용수철에 힘이 가해지지 않을 때의 길이를 자연적인 길이라고 한다. 또한 변형된 용수철이 자연적인 원래의 길이로 돌아가려고 하는 성질을 탄성이라고 하며, 탄성을 통해서 용수철에 작용하는 힘을 탄성력이라고 한다. 그러나 탄성에는 한계가 있기 때문에 (용수철이 지나치게 늘어나면 본래의 상태로 돌아오지 않게 된다) 훅의 법칙 또한 탄성의 한계 내에서 성립한다.

계산해보자

질량 100그램의 무게추를 달았을 때 용수철이 자연적인 길이에서 5센티미터가 늘어나게 되면 용수철의 용수철 상수는 얼마일까?

질량 100그램의 물체에 작용하는 힘을 뉴턴으로 환산하면 지표면에서는 0.98N이다. 그리고 5센티미터를 미터로 환산하면 0.05미터이다. 따라서 $0.98 = k \times 0.05$가 되며, 이 식에서 용수철 상수는 19.6N/m가 된다.

083
심리

단순화의 법칙
Law of Prägnanz

완성된 형태를 찾아내려 하는 습성

정의	시각은 대상을 하나의 완성된 형태로 보려고 하며, 이때 가장 간결한 형태를 쫓는다.
발견자	막스 베르트하이머

단순화의 법칙을 발견한 막스 베르트하이머는 게슈탈트 심리학의 창시자 중 한 명이다. 게슈탈트 심리학은 인간의 심리에 어떤 작용을 끼치는 요소를 개별적으로 분해해서 파악할 것이 아니라 부분부분이 모인 전체로 보아야 한다는 발상이다(130쪽 참조).

어렸을 때 천장의 나무판자 무늬에서 사람의 얼굴이나 동물의 모습을 찾아내는 놀이를 해본 적이 있을 것이다. 이처럼 사람은 불규칙한 모양 속에서도 완성된 형태를 찾아내려 하는데, 이런 경향이 게슈탈트 심리학의 일종이다. 비슷한 예로 음악의 옥타브를 높이거나 키를 바꾸어도 원래와 같은 멜로디로 들린다. 이때 음표의 음 하나하나가 심리에 어떻게 영향을 끼치는지 조사하는 것은 의미가 없다. 옥타브가 바뀌어도 이전과 같은 멜로디로 들린다는 말은 음표의 조합 전체가 사람의 마음에 작용을 한다는 뜻이기 때문이다.

지워져 있어도 사과는 사과로 보인다

사람은 불규칙한 도형이나 어떤 일정한 규칙성을 가진 도형을 봤을 때 모두 하나의 간결한 형태로 파악하려 하는 경향이 있다. 가령 앞에 나온 것처럼 선으로 그려진 사과 그림이 있다고 가정해보자. 선의 일부가 긁혀서 잘 보이지 않더라도 대부분의 사람은 그것이 사과를 그린 것을 알 수 있다. 예를 들어 '○○●●○○●●○○'와 같이 규칙적인 모양이나 패턴이 나열되어 있는 경우에도 모양을 '○●' 덩어리가 아니라 '○○' 혹은 '●●' 같은 덩어리로 파악하는 경향이 있다. 이처럼 유사성·접근성·공통점·연속성 그리고 인지하기 쉬운 형태 등의 요소를 통해 그룹을 지어 인식하는 패턴을 두고 '단순화의 법칙'이라고 한다.

Part. 4

084
전기

플레밍의 오른손·왼손 법칙

Fleming's righ · left hand rule

전류·자기장·힘의 관계

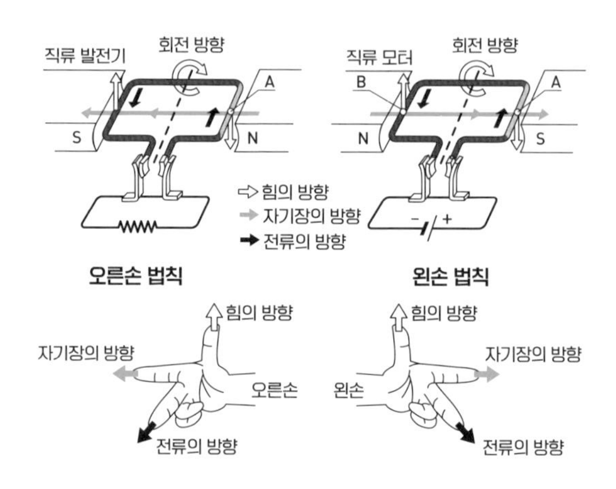

정의

[오른손 법칙] 유도 전류에 관계하는 자기장과 힘은 오른손의 엄지손가락 · 둘째손가락 · 가운뎃손가락을 각각 직교시켰을 때 엄지손가락이 힘의 방향, 둘째손가락이 자기장의 방향, 가운뎃손가락이 유도 전류의 방향이 된다.

[왼손 법칙] 도선을 전류가 흐를 때의 힘과 자기장의 관계는 왼손의 엄지손가락 · 둘째손가락 · 가운뎃손가락을 각각 직교시켰을 때 가운뎃손가락이 전류가 흐르는 방향, 둘째손가락이 자기장의 방향, 엄지손가락이 힘이 작용하는 방향이 된다.

발견자

존 플레밍John Ambrose Fleming(1849~1945, 영국의 전자공학자 · 물리학자)

전류도 자기장도 우리 눈에는 보이지 않는다. 이것을 어떻게든 시각화할 방법은 정말 없는 것일까? 1860년에 영국의 물리학자인 존 플레밍은 그런 의문을 갖고 왼손 법칙과 오른손 법칙을 만들어냈다. 그는 1904년에 세계 최초로 2극 진공관을 발명해 20세기에 전기 통신이 발달하는 데 크게 공헌한 인물이다.

왼손 법칙은 모터의 법칙

왼손 법칙은 전류가 흐를 때의 자기장과 힘의 관계를 나타낸 것이다. 왼손의 엄지손가락·둘째손가락·가운뎃손가락을 그림처럼 직교시켰을 때, 엄지손가락은 전류가 흐르고 있는 도선에 힘이 작용하는 방향, 둘째손가락은 자기장의 방향(N극에서 S극을 향해 자력선이 흐르는 방향), 가운뎃손가락은 전류가 흐르는 방향(전류는 양극에서 음극을 향한다)을 가리킨다.

왼손 법칙을 사용하면 도체에 전류가 흘렀을 때 힘이 향하는 방향을 알 수 있고, 모터의 작동 원리도 쉽게 이해할 수 있다. 앞의 상단 오른쪽 그림은 직류 모터의 모식도다. 영구 자석 사이에 코일이 있고 이곳에 전류가 흐름으로써 모터가 회전한다. A지점에서는 전류가 안쪽 방향으로 흐르며 자기장의 방향은 오른쪽을 향한다. 이 두 가지를 왼손 법칙에 대입해보면 엄지손가락은 아래를 향해, 따라서 A지점에서는 코일에 아래로 향하는 힘이 작용함을 알 수 있다.

다음으로 B지점에서 왼손 법칙을 대입하면 이번에는 엄지손가락이 위를 향한다. 즉, B지점에서는 코일에 위로 향하는 힘이 작용함을 알 수 있다. 이렇게 해서 모터가 회전하는 것이다. 모터는 계속 회전하기 위해 코일이 반회전할 때마다 극성이 바뀌도록 만들어져 있다.

오른손 법칙은 발전기의 법칙

오른손 법칙은 왼손 법칙과 반대로 자기장을 도체가 가로지를 때 생기는 전류에 관한 법칙이다. 발전기가 전기를 만드는 원리를 이 법칙으로 설명할 수 있다.

앞 페이지의 왼쪽 그림을 보자. 먼저 자기장 속에 코일을 놓아서 회전시킨다. A지점에서는 아래 방향을 향해 코일을 회전시켰다고 가정하자. 그러면 자기장은 왼쪽 방향을 향한다. 이 두 가지를 오른손 법칙에 대입하면 전류는 안쪽 방향으로 흐르고, 이 전류를 추출하면 발전기가 된다.

085
생물

헵의 법칙

Hebbian theory

기억력이 좋아지는 법칙

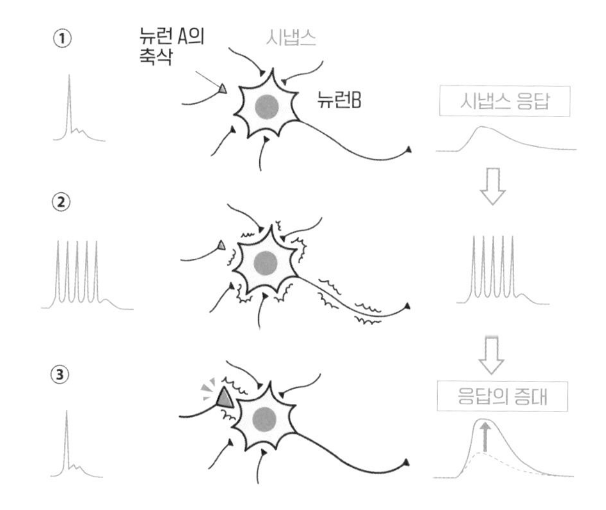

(출처 : 도쿄대학교 대학원 약학계 연구과 홈페이지)

정의	뉴런 발화가 반복되면 시냅스의 결합이 강해진다.
발견자	도널드 헵Donald Olding Hebb(1904~1985, 캐나다의 심리학자)

인간의 뇌 속에는 140억 개나 되는 신경 세포 뉴런이 있다. 뉴런과 뉴런은 시냅스라는 기관으로 연결된다. 말하자면 뉴런은 트랜지스터 등의 전기 부품이고, 시냅스는 그 부품들 사이를 연결하는 배선이라고 할 수 있다.

전기회로는 회로의 한쪽에 플러스 전극, 다른 한쪽에 마이너스 전극을 연결하고 전기를 흘려보내어 작동시키는데, 뇌의 경우는 복잡한 시냅스의 결합 중 한 덩어리가 동시에 활동함으로써 정보를 처리한다. 어떤 자극이 외부에서 가해질 때, 가령 눈에 빛이 들어오면 뇌의 시각을 처리하는 부위가 일을 한다. 뉴런은 자극을 받으면 신경 전달 물질을 분비하며 일정량을 넘어서면 이웃한 뉴런에 신호를 전달한다.

자극이 일정량을 넘어서 갑자기 전류가 흐르는 것을 뉴런 발화라고 부른다. 발화가 1회에 그칠 경우, 자극이 없어지면 시냅스는 보통의 전달 능력을 지닌 시냅스로 다시 돌아간다. 그러나 반복적으로 같은 자극을 주면 점점 시냅스의 능력이 강화되어서 정보의 전달 효율이 향상된다.

헵의 법칙은 이것을 기술한 법칙으로, "뉴런 발화가 반복되면 시냅스의 결합이 강화된다"라는 것이다. 이를 정리한 도널드 헵은 캐나다의 심리학자로, 학습의 메커니즘에 관해서 연구한 인물이다. 이 법칙은 헵의 규칙 혹은 헵의 학습 규칙으로도 불린다.

아주 작은 반복의 힘은 진짜다

좋은 성적을 얻기 위해서는 열심히 공부해야 한다. 특히 꾸준히 반복해서 학습해야 시험 점수를 높일 수 있다. 이는 공부를 반복함에 따라 뇌의 시냅스 결합이 강해진 결과라 할 수 있다. 공부뿐만 아니라 몸을 사용하는 스포츠 등도 마찬가지여서, 가령 자전거를 잘 탈 수 있게 되는 것도 반복해서 연습함으로써 시냅스 결합이 강화되었기 때문이다. 그러므로 무엇이든 간에 꾸준하게 하는 것이 가장 중요하다.

086
사회

페티-클라크의 법칙

Petty-Clark's law

제1차 산업에서 제6차 산업으로 점프!

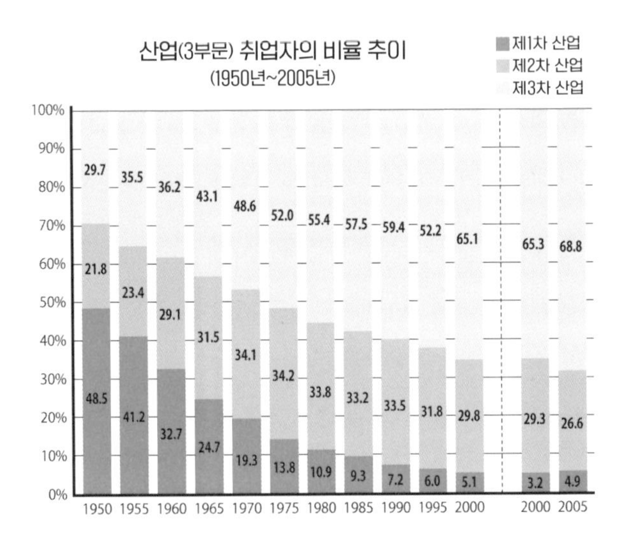

정의

산업 구조는 제1차 산업에서 제2차 산업, 제3차 산업으로 이행되어 간다.

발견자

윌리엄 페티Sir William Petty(1623~1687, 영국의 경제학자)
콜린 클라크Colin Grant Clark(1905~1989, 영국의 경제학자)

제1차 산업과 제2차 산업, 제3차 산업이라는 산업 분류를 10대 시절에 공부한 적이 있을 것이다. 제1차 산업은 농업·임업·어업, 제2차 산업은 공업, 제3차 산업은 상업·운수·통신 등의 산업을 가리킨다.

이 분류는 영국의 경제학자인 콜린 클라크가 고안한 것이다. 그가 이 산업 분류를 고안한 시기는 1940년대인데 이 무렵부터 사업을 크게 3가지로 나눌 수 있었다. 또한 클라크는 산업 구조가 경제나 선업의 발달과 함께 변화해 나간다고 생각하고 이전에 나온 윌리엄 페티의 설을 바탕으로 페티-클라크의 법칙을 만들어냈다. 이는 취업 인구가 제1차 산업에서 제2차 산업, 제3차 산업으로 점점 이동한다는 법칙이다.

세계의 선진국들도 대부분 그렇지만 예전에는 농업을 하는 사람이 많았다가 시간이 흘러 점차 공장에서 일하는 사람이 늘어나게 되고, 이어서 상업으로 생계를 유지하는 사람이 더 많아졌다. 일본의 국세 조사 데이터를 살펴보면 1930년에는 제1차 산업·제2차 산업·제3차 산업의 취업 인구 비율이 각각 49.7퍼센트, 20.3퍼센트, 29.8퍼센트였지만 1970년에는 19.3퍼센트, 34.1퍼센트, 48.6퍼센트가 되었고, 2005년에는 4.9퍼센트, 26.6퍼센트, 68.8퍼센트가 되었다(2005년 국세 조사 결과). 이 숫자를 보면 주력 산업이 시대와 함께 변화하고 있음을 알 수 있다.

클라크가 살던 시절에는 아직 산업 규모가 작았기 때문에 산업을 3종류로 분류하는 것으로 충분했다. 그러나 현재의 산업은 매우 복잡하고 다양해졌다. 그래서 제4차 산업, 제5차 산업 용어가 탄생했다. 제4차 산업은 정보 통신·소프트웨어 등이고, 제5차 산업은 미디어나 예술 등이다. 또한 제6차 산업은 농업이나 어업이 식품 가공·판매까지 진출한 업종을 가리킨다.

그 밖에도 제1.5차 산업이라든가 제2.5차 사업 등 다양한 용어가 언론과 컨설팅 업계에서 사용되고 있으나 제3차 산업까지가 가장 명확한 정의로 남아 있다. 만약 클라크가 지금도 살아 있다면 산업을 어떤 식으로 분류했을까?

087
물리

베르누이의 정리

Bernoulli's principle

비행의 원리는 이것으로 설명이 가능하다

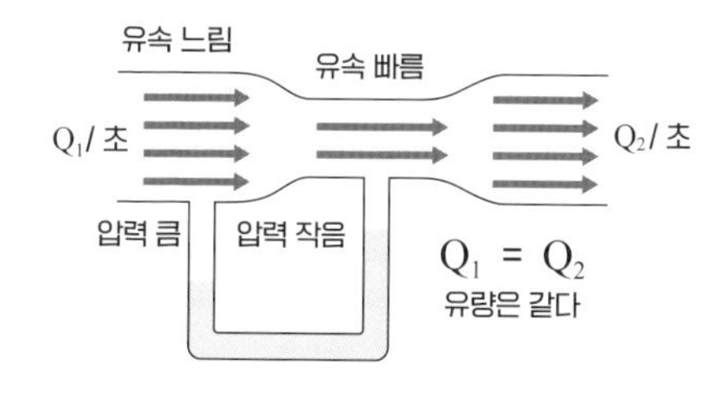

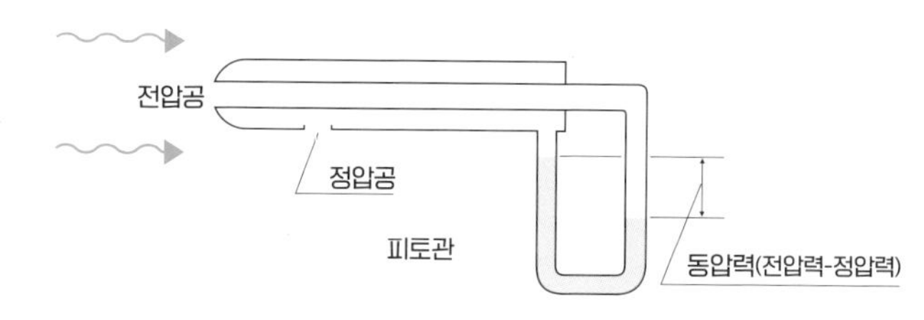

정의	유관의 단면적이 변화해도 전압력은 모든 점에서 일정하며, 동압력과 정압력은 호환성을 가진다.
발견자	다니엘 베르누이Daniel Bernoulli(1700~1782, 스위스의 물리학자 · 수학자)
수식	$P+\frac{1}{2}\rho V^2 = Pr$ (일정) P : 정압력 V : 유속(m/s) ρ : 밀도(kg/m²) Pr : 전압력

유체가 움직임으로써 작용하는 힘을 동압력動壓力이라고 한다. 가령 바람이 강하게 부는 쪽을 향해서 걸으면 좀처럼 앞으로 쉽게 나아가지 못하게 되는데, 이때 몸이 느끼는 힘이 동압력이다. 또한 바람이 없을 때는 몸에 힘이 가해진다는 느낌을 받지 않게 되지만 사실 우리가 느끼지 못할 뿐 이때도 몸에는 대기의 압력이 가해지고 있다. 이를 정압력靜壓力이라고 한다. 그러므로 바람을 향해서 걷고 있을 때 몸에 가해지는 힘은 정확히 말하면 '정압력과 동압력의 합'이며, 이 둘을 합친 것을 전압력全壓力이라고 한다.

관 속을 흐르는 물의 흐름을 생각해보자. 관이 가늘어져서 흐름이 빨라진 부분에서는 동압력이 커지는데, 전압력은 관의 어떤 부분에서나 일정하므로 (에너지 보존의 법칙 때문) 동압력이 커진 곳에서는 정압력이 작아지고, 동압력이 작아진 곳에서는 정압력이 커진다. 관 속의 단면적이 어떻게 변화하든 간에 전압력은 모든 장소에서 일정하며, 정압력과 동압력은 교환 관계에 있다는 의미다. 이것이 베르누이의 정리로, 스위스의 물리학자인 다니엘 베르누이가 1738년에 발견했다.

비행기의 양력과 베르누이의 정리

비행기의 날개에 발생하는 양력도 베르누이의 정리로 설명할 수 있다. 날개는 윗면이 부푼 형태를 띠고 있기 때문에 앞에서 날아온 기류가 날개의 앞쪽 가장자리에서 가속된다. 그래서 날개 윗면, 특히 앞쪽 가장자리에 가까운 곳에서 기류가 빨라져 정압이 작아지기 때문에 다른 부분보다도 큰 압력을 발생시켜 날개가 위로 빨려 올라감으로써 양력이 발생한다.

피토관이란?

피토관은 비행기의 대기 속도Airspeed를 측정하는 장치다. 비행기의 진행 방향을 향해서 설치된 앞의 그림과 같은 관으로 앞쪽 끝에서 전압력이, 측면에서 정압력이 들어오도록 만들어져 있다. 전압력과 정압력의 차이가 동압력으로, 이 동압력의 크기를 통해 대기 속도를 알 수 있다.

088
화학

헨리의 법칙

Henry's law

맥주 거품에 숨겨진 비밀

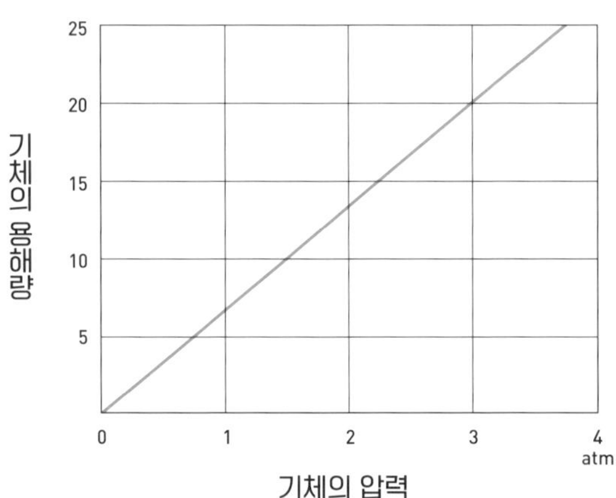

정의

온도가 일정하다면 기체가 액체에 녹아드는 양은 그 기체의 압력에 비례한다. 압력이 일정하다면 온도가 높을수록 기체는 액체에 잘 녹지 않게 된다.

발견자

윌리엄 헨리William Henry(1775~1836, 영국의 화학자)

캔맥주의 뚜껑을 따면 거품이 뿜어져 나온다. 왜 이런 일이 일어나는 것일까? 영국의 화학자인 윌리엄 헨리는 1803년에 이 의문에 대한 답을 찾아냈다. 온도가 일정하다면 압력이 높을수록 액체에 녹는 기체의 양이 많아진다는 사실을 발견한 것이다.

사이다나 맥주는 제조할 때 높은 압력을 가해서 액체 속에 이산화탄소가 많이 녹아들도록 한다. 압력을 가함으로써 기체 분자를 액체 속에 밀어 넣는 것이다. 이때 온도가 일정하다면 액체에 녹아드는 기체의 양은 그 기체의 압력에 비례한다. 이것이 헨리의 법칙이다.

또한 이 법칙에는 한 가지 내용이 더 있는데, 그것은 압력이 일정하다면 온도가 높을수록 기체는 액체에 잘 녹지 않는다는 것이다. 물이 담긴 주전자를 가열하면 점점 물의 온도가 높아지며, 본격적으로 끓기 전에 작은 거품이 나오기 시작한다. 이 거품의 정체는 물속에 녹아 있던 공기다. 물의 온도가 높아졌기 때문에 물에 녹아들지 않게 된 공기 분자가 나오는 것이다.

잠수병과 고산병도 헨리의 법칙으로 설명된다

다이버 등 해저에서 작업을 하는 사람이 걸리는 병으로 잠수병(잠함병)이 있다. 높은 수압이 가해지는 해저에서는 헨리의 법칙에 따라 혈액 등의 체액 속에 더 많은 산소나 질소가 녹아든다(참고로 지상은 1기압). 그래서 갑자기 물 위로 떠오르면 체액 속의 질소나 산소가 기포가 되어서 나오고, 이 기포가 혈관을 막으면 잠수병에 걸리게 된다. 그러므로 시간을 들여서 천천히 부상해 기포가 자연스럽게 물 밖으로 나오도록 해야 한다. 그리고 수중에서는 아래로 10미터씩 들어갈수록 1기압이 증가한다. 잠수용 기구 없이 수심 10미터 이상을 잠수하면 잠수병에 걸릴 위험이 있다.

또한 고산병도 이 법칙으로 설명이 가능하다. 고도가 높아져서 기압이 낮아지면 (고도 5,500미터의 기압은 지상의 약 절반이다) 혈액 속에 녹아들 수 있는 산소의 양이 줄어들어서 저산소증에 걸리는 것이다.

089
기상

바위스 발롯의 법칙

Buys-Ballot's law

저기압의 위치를 쉽게 알아내는 법

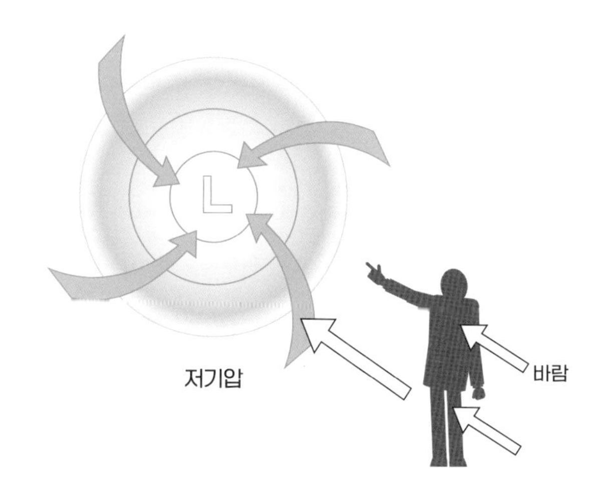

정의

북반구의 경우 바람이 불어오는 쪽을 등지고 서면 왼손의 앞쪽에 저기압의 중심이 있다.

발견자

바위스 발롯Christophorus Henricus Diedericus Buys Ballot(1817~1890, 네덜란드의 기상학자 · 화학자)

이는 1857년에 네덜란드의 기상학자인 바위스 발롯이 경험칙에 입각해서 제창한 법칙이다. 기상 정보를 쉽게 얻을 수 없는 해상 등에서 저기압의 중심 방향을 알기 위한 방법으로 사용되었다.

북반구의 경우 바람은 반시계 방향으로 저기압의 중심을 향해 불어 들어온다. 그래서 저기압의 근처에 있을 때는 바람이 불어오는 방향을 등지고 서면 왼손의 앞쪽에 저기압의 중심이 위치한다. 다만 남반구에서는 바람이 저기압의 중심을 향해 시계 방향으로 불어 들어오기 때문에 오른손의 앞쪽에 저기압의 중심이 위치한다.

지금도 바위스 발롯의 법칙은 저기압의 위치를 알기 위한 방법으로 사용할 수 있다. 바람이 불어오는 방향만 안다면 일기 예보를 보지 않고도 저기압의 위치를 대략적으로 파악할 수 있다. 저기압은 보통 서쪽에서 동쪽을 향해 나아가므로 자신이 저기압의 동쪽에 있는 경우는 앞으로 날씨가 나빠질 가능성이 높다고 보면 된다.

다만 풍향과 풍속은 산 등 주변의 지형에 따라 달라지기 때문에 지상에서는 이 방법이 그다지 도움이 되지 않을 것이다. 그러나 해상처럼 바람을 가로막는 것이 없는 곳에서는 상당히 정확하다고 할 수 있다.

그야말로 찬란했던 바위스 발롯의 시대

바위스 발롯의 법칙이 나온 19세기 중반은 어떤 시대였을까? 이 무렵 즈음 유럽에서는 1865년에 맥스웰이 전기에 관한 이론과 자기에 관한 이론을 하나의 방정식으로 통합한 맥스웰 방정식을 완성했다. 또한 제임스 줄과 니콜라 카르노가 열역학의 기초를 완성했고, 분자의 구조나 원자의 종류도 밝혀지기 시작했다. 멘델레예프가 원소의 주기율표를 발표한 것도 이 시기다.

그러니까 바위스 발롯의 시대는 근대 과학이 눈부시게 진보하던 시절이며, 대형 함선을 이용해 전 세계에서 교역이 실시되기도 했다. 이처럼 근대화가 진행되고 있었다고는 하지만 레이더나 함선용 무선 장치는 없었기에 바위스 발롯의 이론은 안전한 항해를 위한 아주 중요한 법칙이 되었다고 할 수 있다.

090
물리

하위헌스의 원리

Huygens' principle

빛의 파동설의 기초 원리

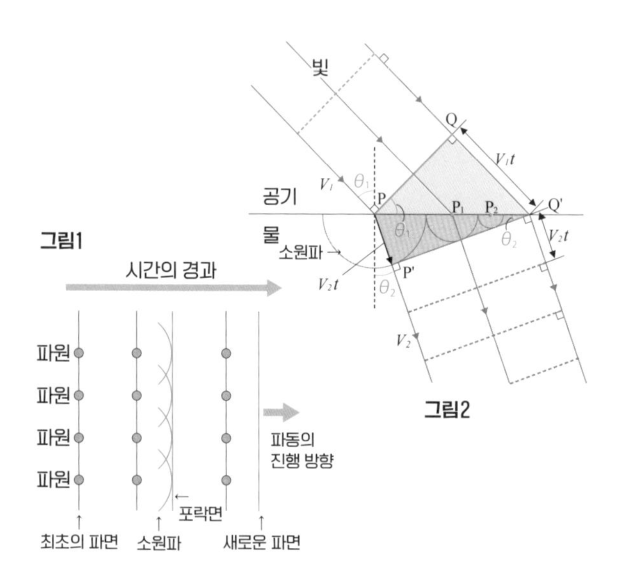

정의	파동이 전해질 때, 파면 위에 있는 점을 중심으로 파동이 진행하는 방향에 소원파素元波가 발생한다. 이 소원파가 공통으로 접하는 면(포락면)이 잇달아 파동을 만들어 나간다.
발견자	크리스티안 하위헌스Christiaan Huygens(1629~1695, 네덜란드의 수학자 · 물리학자 · 천문학자)

크리스티안 하위헌스는 17세기에 활약한 네덜란드의 과학자다. 그는 수학과 물리 분야에 수많은 연구 결과를 남겼는데, 가장 대표적인 업적은 빛의 파동설을 뒷받침한 하위헌스의 원리를 발견한 것이다.

당시는 빛의 정체가 정확히 밝혀지지 않은 상태여서 빛의 입자설을 제창한 뉴턴과 빛의 파동설을 제창한 하위헌스 사이에 논쟁이 벌어지고 있었다. 하위헌스는 빛이 수면에 퍼지는 파문과 같은 파동이라고 판단했고, 파동의 면에 있는 임의의 점을 중심으로 한 구면파(이를 소원파라고 한다)가 포개져서 다음의 파면이 생기는 식으로 계속해서 파동이 퍼져 나간다고 생각했다.

앞의 그림1을 보면 파면의 각 위치에서 파동의 진행 방향으로 반원 모양의 파원이 생기고, 그 파원의 제일 앞쪽 끝(파동의 진행 방향)을 연결한 면(포락면이라고 한다)이 두 번째 파동이 되는 식으로 차례차례 파동이 만들어지는 것을 알 수 있다. 이것을 하위헌스의 원리라고 한다.

하위헌스의 원리를 통해 빛의 굴절을 설명하다

빛의 굴절 현상은 하위헌스의 원리를 사용해서 설명할 수 있다. 그림2와 같이 공기 속에서 물을 향해 비스듬하게 빛이 비추어진다고 가정하자. 이해하기 쉽도록 빛을 폭이 있는 띠로 생각한다. 빛이 P점에 닿았을 때, Q점의 빛은 아직 수면에 들어가지 않은 상태다. Q점은 그보다 약간 더 늦게 수면에 닿는다. 이때 물속을 향해서 그림과 같은 소원파가 생기며, 소원파를 연결한 포락면은 그림처럼 P'Q'가 된다.

이 그림에서 PQQ'(파란색의 직각삼각형)와 PP'Q'(회색의 직각삼각형)라는 2개의 직각삼각형에 주목하자. θ_1은 입사각이고 θ_2는 굴절각이다. Q에서 Q'까지 빛이 나아간 시간을 t(초)라고 하면 QQ'는 $V_1 \times t$[m] (공기 속의 광속×시간), PP'는 $V_2 \times t$[m] (물속의 광속×시간)로 나타낼 수 있다. 그러면 파란색 삼각형에서는 $\sin\theta_1 = QQ'/PQ'$, 회색의 삼각형에서는 $\sin\theta_2 = PP'/PQ'$ 식이 성립한다. 따라서 공기에 대한 물의 굴절률은 다음과 같이 나타낼 수 있다.

$$\text{굴절률} = \sin\theta_1 / \sin\theta_2 = QQ'/PQ' \times PQ'/PP' = V_1 t / V_2 t = V_1 / V_2$$

즉, 굴절률은 다른 매질 속을 나아가는 파동의 속도의 비에 따라서 결정되는 것이다.

091
물리

보일-샤를의 법칙

Combined gas law

보일의 법칙과 샤를의 법칙을 합친 법칙

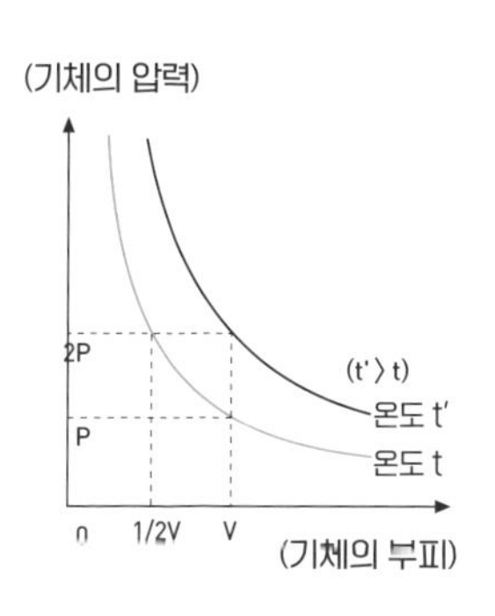

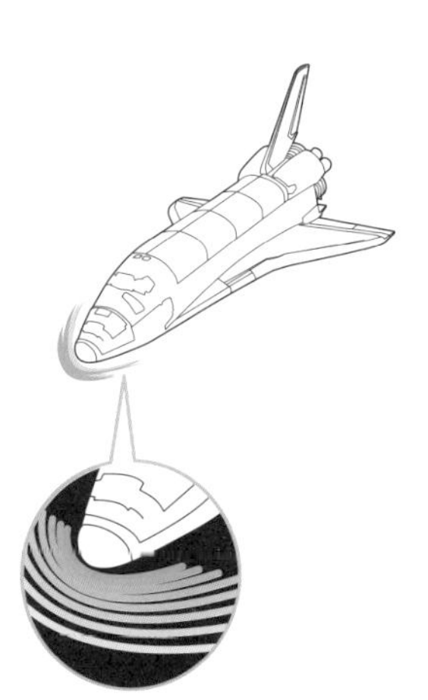

대기권에 돌입할 때,
공기가 단열적으로 압축됨으로써
스페이스 셔틀의 표면 온도는
최고 1,500℃에 이르게 된다

정의

기체의 부피는 압력에 반비례하고 절대 온도에 비례한다. 그 비례상수는 기체의 분자 수에 따라 달라지며, 기체의 종류에 따라서는 달라지지 않는다.

수식

$$\frac{PV}{T} = R$$

P : 기체의 압력(Pa)
V : 기체의 부피(m^3)
T : 절대 온도(K)
R : 기체 상수

기체에는 보일의 법칙과 샤를의 법칙이 작용하며, 이 두 법칙을 통합한 것이 보일-샤를의 법칙이다. 기체는 압력이 커지면 그에 반비례해서 부피가 작아지고, 온도가 높아지면 그에 비례해서 부피가 커진다는 법칙이다.

로버트 보일Robert Boyle(1627~1691, 영국의 물리학자·화학자)은 압력이 커지면 공기의 부피가 작아진다는 데서 'PV=일정'이라는 보일의 법칙을 발견했고, 자크 샤를은 기체의 부피와 온도는 비례 관계라는 데서 'V/T=일정'이라는 샤를의 법칙을 발견했다. 이 두 수식에서 'PV/T=일정'이라는 보일-샤를의 법칙을 이끌어낼 수 있다.

보일-샤를의 법칙을 통해 기체의 부피·압력·온도의 관계를 알면 기체의 변화에 따라 기체가 가진 에너지가 어떻게 달라지는지 이해할 수 있다.

단열 압축, 단열 팽창이란?

바람이 빠진 자전거의 타이어에 공기를 넣기 위해 공기 주입기를 열심히 움직이자 주입기가 뜨거워지는 경험을 해본 사람이 있을 것이다. 이것은 공기 주입기 속의 공기가 압축되어서 온도가 높아졌기 때문인데, 이를 단열 압축이라고 한다. 단열이라는 것은 외부와 열을 교환하지 않는 상태를 의미한다. 우주선 스페이스 셔틀이 지구의 대기권에 재돌입할 때는 섭씨 1,500도에 가까운 고온이 되는데, 이것도 공기가 스페이스 셔틀의 동체 표면에서 단열적으로 압축되어서 온도가 상승했기 때문이다. 단열 압축의 반대 현상은 단열 팽창이라고 한다. 저기압 속에서 공기가 상승하면 단열 팽창해 온도가 일정 비율로 내려간다.

또한 모양이 움푹 들어간 탁구공을 뜨거운 물에 담가 놓으면 다시 팽팽해지는 것도 보일-샤를의 법칙으로 설명할 수 있다. 탁구공 속의 공기가 따뜻해지면 부피가 늘어나는데, 내부는 밀폐되어 있기 때문에 일정 부피 이상으로는 커지지 못해 압력이 증가하고 그 압력이 움푹 들어간 부분을 안에서 밖으로 밀어내어 원래의 모양으로 돌아가는 것이다. 이처럼 보일-샤를의 법칙에서 물질의 상태를 나타내는 상태 방정식이 유도되어 그 후 과학의 발전에 크게 기여했다.

092
물리

보일의 법칙

Boyle's law

부피와 압력의 관계

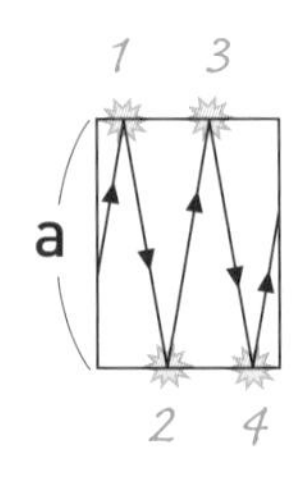

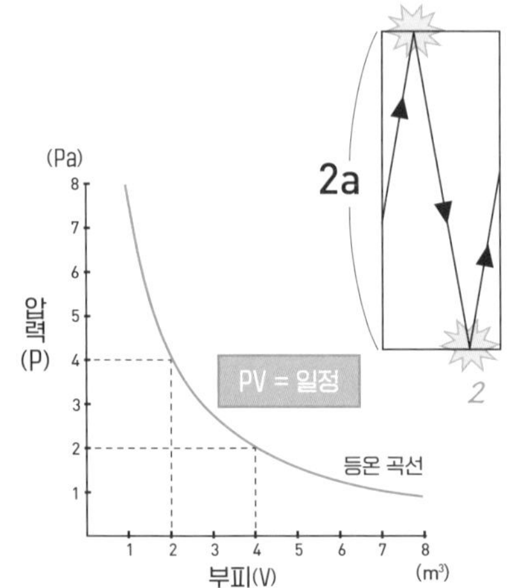

정의	일정한 온도에서 기체의 압력과 부피는 반비례한다.
발견자	로버트 보일
수식	$PV =$ (일정) P : 기체의 압력(Pa) V : 기체의 부피(m^3)

보일이 태어난 17세기 중반은 아직 고대 그리스 시대의 '아리스토텔레스의 4원소설(흙·물·공기·불)'을 믿던 시절이었다. 보일은 그런 시대에 태어났음에도 불구하고 실험을 중시해 근대 화학의 기초를 쌓은 인물이다.

또한 과학의 세계도 중세 암흑시대의 영향을 완전히 벗어나지는 못한 상태여서 물질의 연구는 여전히 연금술로 간주되었다. 연금술이란 철이나 구리 같은 비금속을 금이나 은 같은 귀금속으로 바꾸려 하는 시도다. 이는 현재도 실현되지 못하고 있으며, 앞으로도 불가능해 보인다. 다만 금이나 은은 무리지만 가령 두랄루민(알루미늄에 구리, 마그네슘, 망간 등을 섞은 합금)과 같이 복수의 원소를 조합한 화합물을 만듦으로써 좀 더 편리성이 높은 물질이 개발되기도 했다.

보일의 법칙이란?

보일의 법칙을 가장 쉽게 이해하는 방법은 주사기를 떠올려 보는 것이다. 안에 공기가 들어 있는 주사기의 끝을 막고 피스톤을 누르면 일정 지점까지는 피스톤이 들어가지만 그 이상은 들어가지 않는다. 게다가 반발력이 강해서 손가락을 피스톤에서 뗀 순간 원래의 위치로 돌아가버린다. 피스톤을 세게 누르면 주사기 속의 공기가 압축되어서 부피는 작아지지만 동시에 반발력(압력)이 강해진다. 왜 부피가 작아지면 압력이 커지는 것일까?

공기 속에는 공기의 분자가 있다. 이 분자는 끊임없이 움직이며, 주사기의 내벽에 부딪혔다가 튕겨 나올 때 내벽에 작용하는 힘이 곧 압력이다. 그래서 앞의 그래프처럼 분자의 수가 같은 상태에서는 부피가 줄어들어도 움직이는 속도 자체는 변하지 않으므로 분자의 충돌 횟수가 늘어난다. 그 결과 부피가 줄어들면 압력이 커지는 것이다. 피스톤을 누르고 있는 손에 가해지는 압력은 주사기의 내벽에도 똑같이 가해진다. 그리고 온도가 일정하면 기체의 압력과 부피는 반비례한다. 이것이 보일의 법칙이다.

보일의 법칙을 이용한 것으로 공기 스프링이 있는데, 이는 버스의 서스펜션(노면의 충격이 차체나 탑승자에게 전달되지 않도록 충격을 흡수하는 장치) 등에 주로 이용된다. 노면의 진동이 좌석에 전달되는 것을 경감시키는 동시에 주사기와 비슷한 형태의 기계 속에 들어 있는 공기의 양을 바꿈으로써 승하차 시 차량의 높이를 낮추어 승객이 쉽게 타고 내릴 수 있도록 한다.

093
천문

보데의 법칙

Bode's law

어째서인지 잘 들어맞는 태양과의 평균 거리

천체		수성	금성	지구	화성	세레스	목성	토성	천왕성	해왕성	명왕성
		-∞	0	1	2	3	4	5	6	7	8
거리 (AU)	보데의 법칙	0.4	0.7	1.0	1.6	2.8	5.2	10.0	19.6	38.8	77.2
	실제 거리	0.39	0.72	1.00	1.52	2.77	5.20	9.54	19.19	30.06	39.44

n=6까지는 거의 들어맞는다

상당히 다르다

정의

태양계에 있는 행성의 궤도 반지름에는 일정한 규칙성이 있다.

발견자

요한 보데Johann Elert Bode(1747~1826, 독일의 천문학자)

수식

$$\frac{a}{AU} = 0.4 + 0.3 \times 2^n$$

a : 행성의 궤도 반지름
AU : 천문단위
n : 행성별 상수

요한 보데는 18세기부터 19세기에 걸쳐 활약한 독일의 천문학자다. 보데의 법칙은 태양계에 있는 행성의 공전 궤도의 반지름, 즉 행성과 태양 사이의 평균 거리에는 일정한 규칙성이 있다는 것이다. 관측을 통해서 얻은 경험칙으로 과학적 근거는 없다.

보데는 지구와 태양의 평균 거리를 1(이것을 1천문단위, AU라고 한다)로 놓으면 6개 행성과 태양 사이의 평균 거리에 앞 페이지의 수식으로 표현되는 관계가 있음을 깨달았다. 이 식에서 수성은 -∞, 금성은 0, 지구는 1, 화성은 2, 목성은 4, 토성은 5로, n의 값은 규칙적으로 증가한다. n은 보데가 설정한 상수로, 이를테면 금성의 n값을 0으로 보면 이론상으로 0.7AU의 위치에 금성이 있어야 하는데 실제 태양과 금성 사이의 거리가 0.72AU로 나와 값이 거의 근접했다는 의미다.

이 법칙이 발표된 지 9년 뒤인 1781년, 윌리엄 허셜이 토성의 바깥쪽 궤도를 도는 천왕성을 발견했다. 그리고 이 천왕성의 궤도가 6으로 나왔기 때문에 보데의 법칙은 일약 주목을 받게 되었다. 또한 1801년에 소행성 세레스가 발견되고 그때까지 빠져 있었던 3이라는 n의 값이 추가되면서 그의 법칙은 더욱 설득력을 얻는 듯했다.

그러나 이후 발견된 해왕성과 명왕성의 궤도는 n의 값

이 숫자 7, 8과는 아주 큰 차이가 있었기 때문에 보데의 법칙은 자연 법칙이 아닌 단순한 경험칙으로 여겨지게 되었다.

보데의 법칙은 실은 티티우스의 업적

요한 티티우스(1729~1796)는 독일의 천문학자이자 물리학자다. 사실 보데의 법칙을 최초로 발견한 사람은 보데가 아니라 티티우스였다. 다만 그는 이것을 논문으로 발표하지 않고 번역서 속에 삽입하는 데 그쳤다. 그래서 당시의 천문학자들의 눈에 발견되지 않았던 것이다. 그러나 보데가 티티우스의 책을 우연히 읽고 5년 후인 1772년에 자신의 책에서 티티우스의 설을 출처를 명시하지 않고 소개해버렸고, 이 때문에 보데가 발견한 법칙으로 오해를 받게 되었다.

그 후 보데는 저서에서 법칙이 티티우스의 발견임을 명시했다. 그래서 지금은 이 법칙을 티티우스-보데의 법칙으로 부르기도 한다.

094
물리

맥스웰의 악마

Maxwell's demon

악마는 움직임이 빠른 분자와 움직임이 느린 분자를 가려낸다

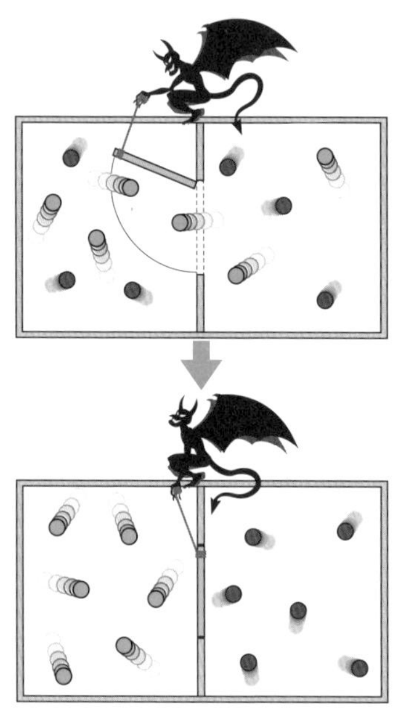

발견자 | 제임스 맥스웰James Clerk Maxwell(1831~1879, 영국의 물리학자)

제임스 맥스웰은 패러데이와 함께 전자기학의 기초를 만든 19세기의 위대한 물리학자다. 그는 맥스웰 방정식이라고 불리는 전자기학의 기본이 되는 방정식을 만들어냈으며, 빛이 전자기파의 일종임을 발견하기도 했다.

또한 열역학에 관해서도 연구해 1865년에 열역학 제2법칙에 대해 맥스웰의 악마라고 불리는 역설을 제시했다. 엔트로피 증가의 법칙으로도 불리는 열역학 제2법칙은 테이블 위에 놓아둔 뜨거운 물은 시간이 지남에 따라 방과 같은 온도로 떨어진다는 열의 평형에 관한 법칙이다.

맥스웰이 제시한 역설은 다음과 같다. 앞의 그림처럼 중앙에 작은 창이 달려 있는 칸막이가 설치된 용기가 있고, 내부의 온도는 일정하다. 이때 용기 속의 물질을 구성하는 분자 중에는 속도가 빠른 것도 있고 느린 것도 있다. 그리고 작은 창의 옆에는 가상의 존재인 전지전능한 악마가 있어서 일정 속도보다 빠르게 움직이는 분자가 오른쪽에서 오면 창문을 열어 왼쪽으로 보내며, 일정 속도보다 빠른 분자가 왼쪽에서 오면 문을 닫아서 오른쪽으로 가지 못하게 한다. 반대로 느린 분자가 왼쪽에서 오면 문을 열어서 오른쪽으로 보내지만, 그런 분자가 오른쪽에서 왼쪽으로 가려고 하면 문을 닫아서 가지 못하게 막는다고 가정한다. 이렇게 하면 언젠가는 용기의 왼쪽에는 움직임이 빠른 분자가, 오른쪽에는 느린 분자가 모인다. 그러면 왼쪽의 온도는 높아지고 오른쪽의 온도는 낮아진다.

열역학 제2법칙에 따르면 아무런 일을 하지 않을 경우에는 엔트로피가 감소하는 방향으로는 변화하지 않아야 하는데, 이런 악마가 있다면 어떻게 될까? 악마는 문을 열고 닫기만 할 뿐 분자에 어떤 영향도 끼치지 않으므로 일을 하고 있지 않는데 말이다.

악마가 부정되기까지 60년이라는 시간이 걸리다

이 명제에 대한 반증은 여러 종류가 있다. 그중 유명한 것은 헝가리의 물리학자인 실라르드 레오가 1929년에 발표한 반증이다. 그는 기체 분자의 이동에 의해 감소하는 엔트로피보다 맥스웰의 도깨비가 분자를 분류하고 이동시키는 과정에서 발생하는 에너지(엔트로피)가 더욱 크다는 점을 증명했다.

095
심리

매슬로의 욕구 단계설

Maslow's hierarchy of needs

인간의 욕구란 무엇인가?

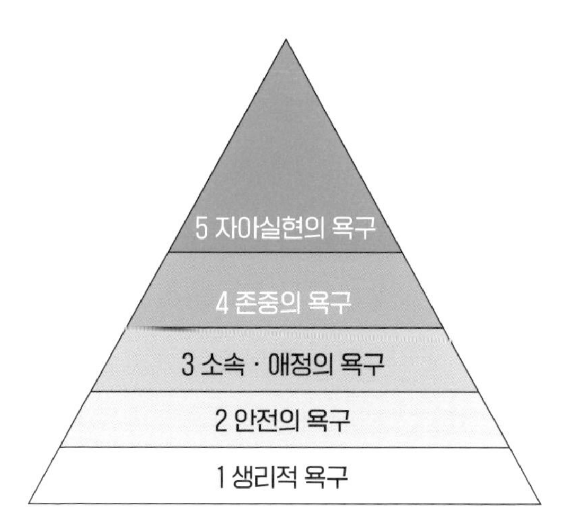

정의	인간의 욕구는 5단계로 나눌 수 있다.
발견자	에이브러햄 매슬로Abraham Harold Maslow(1908~1970, 미국의 심리학자)

인간의 생리적 욕구란 탐욕·수면욕·성욕 등 기본적인 욕구를 말한다. 이것이 충족되면 그다음에는 안전을 추구하게 된다. 안전 욕구란 주거할 수 있는 집을 갖는 것, 옷을 입는 것과 같이 안전하게 생활을 유지할 수 있는 환경을 원하는 것이다. 그리고 안전이 충족되면 다음에는 소속이나 애정을 바라게 된다. 이는 다른 사람들과 같은 사회나 그룹에 소속되고 싶다거나, 누군가에게 사랑이나 인정을 받고 싶다는 욕구로 이것을 통해 마음의 안정을 얻는다. 다음 단계는 존중 욕구로, 자존심을 채울 수 있는 지위나 명예 등을 원하게 된다. 그리고 이런 과정을 거쳐서 마침내 자아실현을 할 수 있는 단계에 이른다는 것이 매슬로의 욕구 단계설이다.

매슬로의 가설을 두고 인간이 살아가는 의미나 가치를 생각하는 인본주의 이론이라고 하는데, 생리적·육체적인 욕구에서 점차 정신적 욕구로 이행해 나간다는 점이 참으로 인간답다고 할 수 있다.

현대는 욕구의 재인식이 필요한 시대

매슬로는 자아실현의 욕구를 최상위의 욕구로 위치시켰는데, 최근에는 가치관이 워낙 다양해진 까닭에 무엇이 자아실현인지 확인하는 작업이 필요한 듯 보인다. 게다가 인간의 욕구 자체가 극단적으로 비대해졌으며 욕망은 한없이 커지고 있다. 감각에 대한 자극은 쉽게 익숙해지는데 그러면 인간은 더 강한 자극을 추구하게 된다. 그러므로 욕구를 적절하게 자제하고 조절할 필요가 있다.

최근에는 매슬로의 욕구 단계설이 그다지 언급되지 않고 있지만 다시 한번 기본으로 돌아가서 인간의 욕구에 관해 세밀히 분석해보는 것도 필요하다.

096
정보

무어의 법칙

Moore's law

반도체의 집적도는 2년마다 2배가 된다

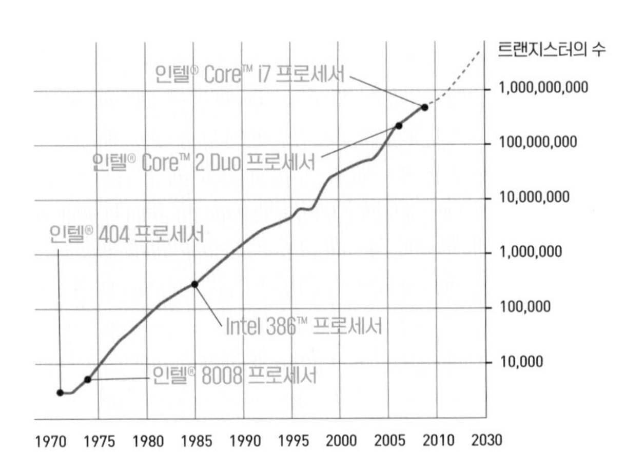

출처 : 인텔 홈페이지

정의	반도체의 집적도는 18개월 또는 24개월마다 2배가 된다.
발견자	고든 무어Gordon E. Moore(1929~, 미국 인텔사의 설립자)

컴퓨터는 20세기 최대의 발명이라고 해도 과언이 아니다. 역사상 최초의 컴퓨터는 1946년에 완성된 에니악ENIAC으로, 이 컴퓨터에는 약 1만 8,000개의 진공관이 쓰였다. 이 진공관을 스위치로 사용해 전압의 유무로 0과 1을 나타내 계산했다. 스위치의 수, 즉 진공관의 수를 늘릴수록 컴퓨터의 계산 능력이 높아지긴 하지만 진공관은 크기가 너무 큰 탓에 자리를 많이 차지할 뿐만 아니라 소비 전력도 크고(에니악은 150킬로와트) 고장도 잦아서 수를 늘리는 데 한계가 있었다.

그러다 1958년이 되자 미국 텍사스 인스트루먼트사의 잭 킬비와 페어차일드사의 로버트 노이스 등이 잇달아 집적 회로IC를 발명했다. 집적 회로는 실리콘 기판 위에 수많은 트랜지스터를 배치한 것으로, 트랜지스터 하나 하나가 스위치로 기능해 전압의 유무를 0 또는 1로 삼아 2진법으로 계산을 한다. 스위치가 진공관에서 반도체의 집적 회로로 대체됨에 따라 컴퓨터의 성능은 비약적으로 발전하기 시작했다.

로버트 노이스는 공동 개발자인 고든 무어와 함께 페어차일드사를 그만두고 인텔을 설립했다. 인텔은 현재 세계 최대의 반도체 제조사로, 개인용 컴퓨터의 내부에 들어 있는 CPU 중 다수가 인텔의 제품이다.

30년이면 3만 3,000배!

고든 무어는 1960년대 중반에 무어의 법칙을 제창했다. 반도체의 집적도(1개의 반도체 칩에 구성되어 있는 소자 수)는 약 18개월마다 2배가 된다는 법칙인데(훗날 18개월에서 24개월로 수정되었다), 집적도는 넓이가 수 제곱센티미터밖에 안 되는 실리콘 기판에 탑재된 트랜지스터의 수로 결정된다. 더 많은 트랜지스터를 탑재하기 위해 배선 간격을 좁혀 나가는 방법이 사용되고 있다. 1970년대 초반에 등장한 404라는 CPU에 탑재되었던 트랜지스터의 수는 3,000개 정도였지만, 2010년대에 등장한 Core i7에는 약 14억 개나 되는 트랜지스터가 내장되었다. 앞에 나온 표를 보면 알 수 있듯이 현 시점에서는 아직 무어의 법칙대로 집적도가 증가하고 있다.

097
심리

머레이비언의 법칙

Mehrabian's law

결국 첫인상이 전부일까?

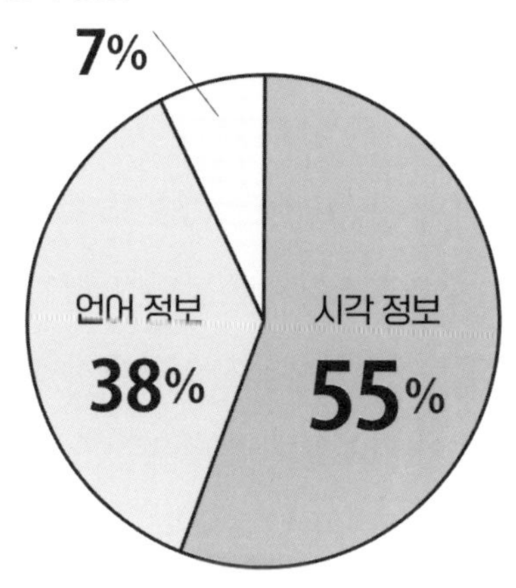

정의	인물의 평가는 첫인상으로 결정된다.
발견자	앨버트 머레이비언Albert Mehrabian(1939~, 미국의 심리학자)

미국의 심리학자인 앨버트 머레이비언은 인간의 감정에 관한 연구를 실시해 언어를 통한 커뮤니케이션과 비언어를 통한 커뮤니케이션 사이의 관계에 관해 고찰했다. 그 결과 내린 결론 중 하나는 인물의 첫인상은 3초 안에 결정되며, 그 정보는 대부분 시각을 통해서 얻는다는 것이다. 또한 타인을 인식할 때 어떤 정보를 이용하고 있는지에 관해 머레이비언의 법칙을 만들어냈다. 이것은 '7-38-55 법칙'으로도 불린다.

이 숫자는 타인을 인식할 때 이용하는 정보의 비중을 나타낸 것으로, 언어가 7퍼센트, 화술이 38퍼센트, 겉모습이나 몸짓이 55퍼센트를 차지한다는 의미다. 그리고 이 3가지 요소가 가리키는 내용에 모순이 없으면 원활한 커뮤니케이션이 가능하지만 불일치가 있으면 양자 사이에 심리적인 부조화가 발생한다.

7(언어) : 38(청각) : 55(시각)라는 비율만을 보면 말의 힘이 약해 보이고 시각(겉모습)이 중요하게 생각되지만 사실 겉모습만으로는 절대 모든 것을 알 수 없다. 소통을 할 때는 이 요소들을 균형 있게 조합하는 것이 중요하다.

SNS 시대의 커뮤니케이션은?

머레이비언이 이 법칙을 발표한 때는 1971년인데, 이 무렵에는 아직 인터넷이 없었다. 대면 소통 이외의 커뮤니케이션 방법은 편지와 전화밖에 없는 시대였다.

그러나 현재는 음성 전화보다 이메일이나 SNS를 통해서 소통하는 일이 더 많아졌다. 그러므로 현재의 커뮤니케이션은 언어가 60퍼센트, 청각이 30퍼센트, 시각 10퍼센트 정도일지도 모른다(이것은 필자가 받은 인상일 뿐 근거 있는 수치는 아니다). 물론 화상 통화를 고려하면 시각의 비율이 약간 더 높을 수도 있다. 이렇게 생각하면 인터넷 시대의 커뮤니케이션에서는 언어의 비중이 매우 높아졌다고 할 수 있다.

098
생물

멘델의 유전 법칙

Mendelian inheritance

유전학은 바로 여기에서 시작되었다

분리의 법칙

Aa Aa Aa Aa
우성 형질 우성 형질 우성 형질 우성 형질

AA Aa Aa aa
우성 형질 우성 형질 우성 형질 열성 형질

정의	유전자를 통해 부모의 형질이 규칙성을 갖고 자식에게 전해진다.
발견자	그레고어 멘델Gregor Johann Mendel(1822~1884, 오스트리아의 식물학자)

멘델은 오스트리아의 식물학자로, 1865년에 「식물의 잡종에 관한 실험」이라는 논문을 발표했다. 그는 8년에 걸쳐 완두콩의 특징(주름의 유무, 키의 크고 작음 등)이 어떻게 부모에게서 자식에게로 전해지는지 연구하여 어떠한 규칙성이 있음을 발견했다. 이것이 멘델의 법칙이다.

다만 이 법칙은 발표 당시 거의 주목을 받지 못했는데, 1900년이 되어서 네덜란드의 휘호 더프리스와 독일의 카를 코렌스, 오스트리아의 에리히 체르마크 등이 각자 멘델의 법칙과 같은 이론을 발견했다. 멘델이 세상을 떠난 지 16년 후의 일이었다. 이 발견들을 통해 멘델의 업적이 재평가를 받고 세상에 널리 알려지게 되었으며, 이를 두고 멘델의 법칙의 재발견이라고 한다.

그런데 왜 발표 당시에는 주목을 받지 못했을까? 첫 번째 이유는 멘델의 법칙이 발표되기 6년 전인 1859년에 찰스 다윈이 『종의 기원』을 출판해 진화론을 제창한 것과 관계가 있다. 생물이 자연 도태를 통해 진화한다는 다윈의 진화론은 당시의 과학자와 일반인 그리고 종교인들에게 큰 충격을 안겼는데, 이런 상황에서 멘델의 수수한 유전 법칙은 그다지 주목을 받을 수가 없었던 것이다. 또한 멘델의 통계학에 입각한 실증적인 연구 수법은 지나치게 참신했던 탓에 당시 과학자들이 받아들이기가 힘들었다는 이유도 있다. 그러나 유전의 법칙이야말로 생물의 진화를 대대손손 자손에게 전해 나가는 가장 기본적인 원리다.

멘델의 법칙이란?

멘델의 법칙에는 다음의 3가지 법칙이 있다.

1. 우열의 법칙(우열의 원리)

부모가 가진 형질 가운데 우성인 형질만이 자식에게 나타난다.

2. 분리의 법칙

자식의 대를 서로 교배시키면 손자에게서는 자식의 대에서 나타나지 않았던 열성 형질이 나타난다.

3. 독립의 법칙

복수의 형질은 각각의 형질에 영향을 주지 않고 독립적으로 자식과 손자에게 계승된다. 참고로 우성은 발현성이 높은 형질이고, 열성은 발현성이 낮은 형질이다.

099
물리

모즐리의 법칙

Moseley's law

비운의 젊은 천재가 올린 성과

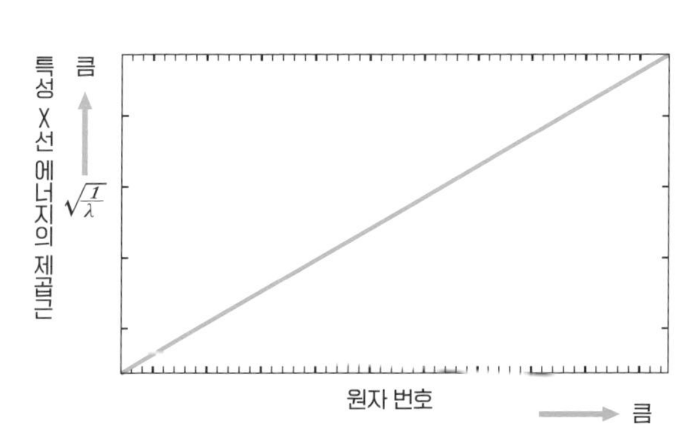

정의	원소가 내는 특성 X선 에너지(파장의 역수)의 제곱근과 원자 번호는 비례 관계에 있다.
발견자	헨리 모즐리Henry Gwyn Jeffreys Moseley(1887~1915, 영국의 물리학자)
수식	$\sqrt{\frac{1}{\lambda}} = K(Z-s)$ λ : 파장 K와 s : 상수 Z : 원자 번호

원소의 주기율표는 원자 번호의 순서대로 나열되어 있다. 이 나열에서는 화학적 특성이 주기적으로 나타난다. 원자 번호라는 것은 원소의 원자핵이 가진 양자의 수로, 원자 번호가 작은 원소부터 큰 원소의 순서로 나열하면 원소의 질량을 나타내는 원자량도 작은 것부터 큰 것의 순서가 되어야 하는데, 일부 원소의 경우는 원자량이 큰 원소가 먼저 나열될 때가 있다. 가령 원자 번호 27인 코발트의 원자량은 28번인 니켈의 원자량보다 약간 더 크다. 52번 텔루륨과 53번 아이오딘에도 같은 모순이 발생한다. 이것은 동위 원소(원자 번호가 같지만 중성자의 수가 많아서 원자량이 다른 원소)가 존재하기 때문인데, 당시는 그 사실을 잘 몰랐다.

영국의 물리학자인 헨리 모즐리는 1913년에 원소에서 방사되는 특성 X선(원소별로 정해져 있는 특정한 파장을 가진 X선)의 파장을 측정해, 그 파장의 역수의 제곱근과 원자 번호가 비례 관계에 있음을 발견했다. 이것을 모즐리의 법칙이라고 한다.

이 발견을 통해 원자가 가진 원자 번호, 즉 원자핵의 양자의 수가 물질의 본질적인 특성을 결정한다는 사실이 밝혀졌고, 이후 보어의 원자 모형(원자핵의 주위에 양자와 같은 수의 전자가 있다는 내용)이 성립되는 데 크게 공헌했다.

비운의 천재 모즐리

법칙을 발견했을 당시 모즐리는 아직 26세의 젊은 청년이었다. 그는 2년 후인 1915년에 무려 노벨 화학상 후보가 되었는데, 안타깝게도 그해 8월에 제1차 세계 대전에 참전해 전사하고 말았다. 그가 살아 있었다면 틀림없이 노벨 화학상을 받았을 것이라며, 촉망받던 젊은 과학자의 죽음에 많은 이들이 안타까움을 감추지 못했다.

100
물리

라플라스의 악마

Laplace's demon

우주의 모든 것을 알고 있는 존재, 그것이 악마?

우주의 모든 것을 알고 있다면
미래까지도 내다볼 수 있다

우리는 오늘의 날씨조차도
100퍼센트 맞히지 못한다

정의	우주에 존재하는 모든 원자의 위치와 운동을 알고 있는 지성이 있다면 미래에 생겨날 일도 전부 알 수 있다.
발견자	피에르 라플라스Pierre-Simon Laplace(1749~1827, 프랑스의 수학자 · 천문학자)

피에르 라플라스는 18세기부터 19세기에 걸쳐 활약한 프랑스의 수학자·천문학자다. 20대에 목성과 토성의 운동을 연구하고 『우주의 체계』(1796), 『천체 역학』(1799) 등의 책을 썼다. 천문학의 연구에서는 태양계 생성의 이론인 '성운설'을 제창했는데, 이것은 초기의 태양계에서는 물질이 가스 형태의 구름처럼 퍼져서 천천히 회전하다가 이윽고 수축하면서 회전 속도가 빨라져 물질이 수평 방향의 고리 모양이 되며 결국 하나로 뭉쳐져 몇 개의 행성이 생겼다는 설이다.

그런데 라플라스의 악마란 무엇일까? 당시는 천체의 운동을 뉴턴 역학으로 전부 완벽하게 계산할 수 있다고 생각하던 시대였다. 당시 사람들은 세계의 모든 것을 논리적으로 설명할 수 있지 않을까 하고 기대에 부풀었다. 이에 대해 라플라스는 『확률론의 해석 이론』(1814)에서 "뛰어난 지혜를 가진 존재가 우주의 모든 천체, 모든 물질의 원자를 알고 있다면 미래도 볼 수 있을 것이다"라고 말했다. 그리고 이 말에 나오는 뛰어난 지혜를 가진 존재가 훗날 '라플라스의 악마'로 불리게 되었다.

19세기 초는 칸트의 결정론이 지배하던 시대다. 결정론은 이 세상의 모든 사항은 처음부터 정해져 있으며, 따라서 미래도 정해져 있다는 생각이다. 이것은 뉴턴의 운동

이론이 설명하는 조화가 잡힌 천체의 운동과도 관련되어 당시 사람들의 사고방식에 커다란 영향을 끼쳤다.

완벽한 일기예보를 하려면 악마가 필요하다

만약 라플라스의 악마가 있다면 원자든 소립자든 그 움직임을 완벽하게 예측할 수 있다. 그렇게 된다면 지구 대기의 움직임을 예상하는 것은 어려운 일도 아니다. 그러나 대기 중에는 방대한 수의 입자가 서로 영향을 끼치면서 운동하기 때문에 대기의 움직임에 관해 원자는커녕 공기 분자의 층위도 예측이 불가능하다.

현재의 일기예보는 공간을 일정 크기의 정육면체로 나누고 각 정육면체끼리의 관련성을 계산함으로써 예측하는 것이 전부다. 이 정육면체를 점점 작게 만들어 나가면 더 정확한 예보를 할 수 있겠지만 정육면체가 작아질수록 계산해야 할 양이 기하급수적으로 증가하고 만다. 최종적으로는 악마라도 되지 않는 한 계산할 수 없는 것이다.

101
사회

란체스터의 법칙

Lanchester's laws

현대전에서 인해 전술은 시대에 뒤떨어진 전법이다

제1법칙

전사하는 비율은

1 : 1

제2법칙

제곱에 비례한다

4 : 1

발견자	프레데릭 란체스터Frederick William Lanchester(1868~1946, 영국의 자동차 공학 · 항공 공학 엔지니어)
수식	제1법칙 $A_0-A_t=E(B_0-B_t)$ 제2법칙 $A_0^2-A_t^2=E(B_0^2-B_t^2)$ A_0 : A군의 병력 수 A_t : t시간 후의 A군의 병력 수 E : 병기의 성능비(B/A) B_0 : B군의 병력 수 B_t : t시간 후의 B군의 병력 수

란체스터의 법칙은 1914년에 영국의 공학자인 프레더릭 란체스터가 만든 것으로, 이 법칙은 오퍼레이션 리서치OR(이하 OR)의 전투 모델이 되었다. OR이란 정부·군대·기업 등의 거대한 조직에서 의사 결정을 할 때 그것을 지원하는 도구를 뜻한다. 현재는 컴퓨터를 이용한 시뮬레이션이 널리 사용되고 있지만, 컴퓨터가 보급되기 전에는 OR이 조직의 의사 결정 도구로써 수많은 분야에서 사용되었다.

란체스터는 제1차 세계 대전 당시 전투를 상세히 분석해 좀 더 효율적으로 싸우기 위한 방정식을 만들어냈다. 이것이 란체스터의 법칙이다. 이 법칙에는 2종류가 있다. 제1법칙은 1 대 1의 전투를 모델화한 것이다. 이것은 먼 옛날부터 이어져 내려온 전법으로, 마지막에 한 사람이라도 남는 쪽이 승리하는 방식이다. 제1법칙의 식을 보면 알 수 있지만 E(병기의 성능비)가 1로 동등하다면 전투를 시작할 때 병력이 많은 쪽이 승리하게 된다.

제2법칙은 A군과 B군의 병력 수를 제곱하는데, 이것은 항공기와 로켓탄 등 병기의 성능이 높아진 근대의 전투 상황을 가정한 것이다. 하나의 병기로 다수의 적군을 쓰러뜨릴 수 있기 때문에 승자와 패자의 잔존 병력 차이가 커진다.

세계 대전이 끝난 뒤에는 비즈니스에서 활약 중

OR이나 란체스터의 법칙은 제2차 세계 대전 이후 비즈니스에 응용되었고 한때 기업의 의사 결정을 돕는 유용한 도구로써 인기를 모았다. 이 법칙의 공식에서 병력 수를 사원 수로, 무기를 상품으로 치환하면 경쟁사와 경쟁을 할 때 어떤 경영 전략이 필요한지 알 수 있기 때문이다. 경쟁사와 기업 규모(사원 수)가 같다면 E(상품)의 성능비를 높이지 않는 한 공멸하게 된다. 또한 E의 성능을 크게 높이면 소기업이 대기업을 이기는 것도 불가능한 일은 아니다.

102
생물

리코의 법칙

Ricco's law

인간의 신기하고 미묘한 감각

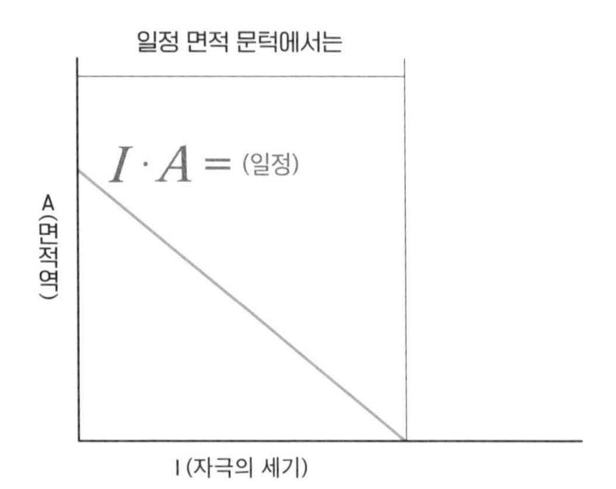

정의	밝기에 대한 감각은 망막을 비추는 면적과 빛의 강도의 곱에 비례한다는 법칙.
발견자	안니발레 리코Annibale Riccò(1844~1919, 이탈리아의 천문학자)
수식	$I \cdot A =$ (일정) I : 자극의 세기 A : 면적역

리코의 법칙은 눈에 들어오는 자극이 어떻게 시각이라는 감각을 불러일으키는지 제시한 법칙이다. 이 법칙에 따르면 밝기라는 감각은 망막을 비추는 면적과 빛의 강도의 곱에 비례한다고 한다.

시각뿐만 아니라 촉각이나 미각 등 인간의 감각은 단순히 정량적으로 계측할 수 있는 것이 아니라 자극의 질, 강도, 시간, 작용하는 면적 등의 조건에 따라 느끼는 방식이 변화한다. 가령 여름이 끝나고 가을이 되어서 기온이 섭씨 20도 정도가 되면 날씨가 매우 서늘하게 느껴진다. 그러나 겨울이 끝나고 봄이 되었을 때 기온이 섭씨 20도가 되면 따뜻하게 느껴지며, 경우에 따라서는 덥게 느껴지기도 한다. 똑같은 기온을 따뜻하게 느끼지기도 하고 시원하게 느끼기도 하는 것이 인간의 감각인 것이다.

피부에 닿을락 말락한 정도의 미묘한 자극은 느끼지 못할 때도 있지만 일정한 값 이상의 힘이 가해지면 분명 무엇인가가 닿았다고 느끼게 된다. 피부에 작은 실오라기가 달라붙은 정도로는 아무것도 느끼지 못할 가능성이 높지만 모기가 앉거나 하면 무엇인가가 닿았다고 느낄 수 있다.

노한 자극을 받는 면적이나 어느 정도의 간격을 두고

자극을 받느냐에 따라서도 느끼는 방식이 달라진다. 가령 피부의 두 지점에 동시에 자극을 받을 경우, 지점 간 간격이 너무 가까우면 한 점에만 자극을 받은 듯이 느끼게 된다. 두 점에 각각 자극을 받고 있다고 느끼려면 일정 거리가 필요한 셈이다.

시간의 경과도 감각에 영향을 끼친다. 가령 점멸하는 빛은 그 시간이 짧으면 사라지고 있다는 것을 느끼지 못하게 된다. 텔레비전 화면은 60분의 1초에 1회 정도 영상을 바꿔서 표시하지만 우리는 화면이 사라지는 것을 느끼지 못한다. 망막이 아주 짧은 시간의 변화에는 대응하지 못하기 때문이다.

암순응과 명순응

눈의 암순응과 명순응도 감각이 시간의 경과에 영향을 받는다는 사실을 보여준다. 암순응은 밝은 곳에 있다가 갑자기 어두운 곳에 들어갔을 때 주위가 제대로 보이기까지 시간(20분에서 30분 정도)이 걸리는 현상을 말한다. 명순응은 반대로 어두운 곳에 있다가 밝은 곳으로 나왔을 때 빛에 익숙해지기까지 수 분이 걸리는 현상이다.

리보의 법칙

Ribot's law

망각의 심리학

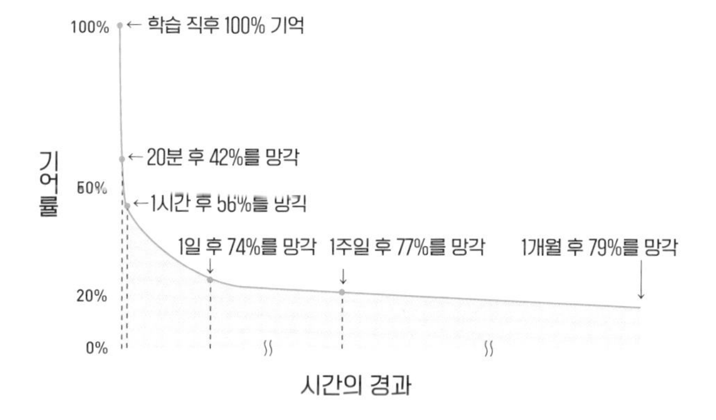

정의	새로운 기억부터 순서대로, 또 복잡한 기억부터 순서대로 잊어버린다.
발견자	테오뒬 리보Théodule Armand Ribot(1839~1916, 프랑스의 심리학자)

인간은 누구나 시간이 지나면 기억한 것을 잊어버리게 된다. 새로운 기억부터 오래된 기억의 순서로, 또 복잡한 기억부터 단순한 기억의 순서로 잊어 간다. 이것이 리보의 법칙이다. 테오뒬 리보는 19세기부터 20세기 초엽에 걸쳐 활약한 프랑스의 심리학자로, 실증적이고 과학적인 근대 심리학을 확립한 인물이다.

나이를 먹으면 기억력이 떨어지는 것은 어쩔 수 없는 일인데, 한자와 공식 등 학교에서 배운 내용이나 업무와 관련된, 생활에 필요가 없는 지식은 특히 잘 잊어버리는 경향이 있다. 한편 어렸을 때 배운 세수하는 법, 젓가락질 하는 법, 옷 갈아입는 법 등 인간으로서의 기본적인 습관은 어지간해서는 잊지 않는다. 리보의 법칙에 따르면 새로운 기억이나 복잡한 기억을 잊어버리는 것은 당연한 일이다.

망각 곡선이란?

망각에 관해 연구한 또 다른 심리학자로 독일의 헤르만 에빙하우스(1850~1909)가 있다. 그는 인간의 기억 상실을 연구해 '에빙하우스의 망각 곡선'을 만들어냈다. 그는 피험자에게 무의미한 음절을 외우게 하고 그것을 외우기까지 걸리는 시간과 횟수를 기록한 뒤, 이것을 1시간 후, 2시간 후에 복습시켰을 때 다시 외우기까지 어느 정도의 시간과 횟수가 걸리는지 조사했다. 그 결과, 처음에는 짧은 시간 안에 잊어버리지만 시간이 지남에 따라 잊어버리는 정도가 줄어든다는 사실을 알게 되었다. 이것을 그래프로 만든 것이 망각 곡선이다.

망각 곡선을 보면 인간이 정보를 외우고 시간이 지날수록 완만하게 기억의 양이 감소한다는 것을 알 수 있다. 이 곡선은 기억이 희미해지기 전에 반복해서 학습을 하면 효과가 높아진다는 사실을 가르쳐준다. 완전히 잊어버리기 전에 가끔씩 떠올리고 다시 학습하는 것, 이것이 바로 기억력을 높이는 비결이다.

104
화학

르 샤틀리에의 원리

Le Chatelier's principle

사람도 화학 반응도 안정을 추구한다!

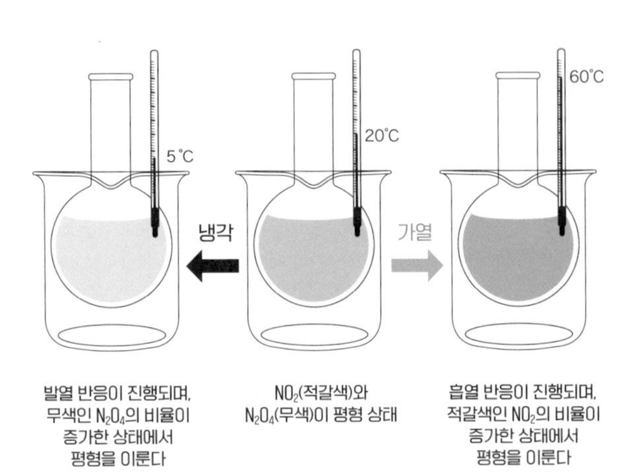

$$N_2O_4 = 2NO_2 - 57kJ$$

정의	화학적으로 평형 상태에 있는 계의 압력 · 온도 · 농도 등의 조건을 바꾸면 그것과 반대의 반응이 일어나 새로운 평형 상태가 된다.
발견자	르 샤틀리에Henry Louis Le Châtelier(1850~1936, 프랑스의 화학자)

이는 프랑스의 화학자인 르 샤틀리에가 1884년에 발견한 원리다. 물질이 화학적으로 평형 상태일 때, 압력이나 온도, 농도 등의 조건을 바꾸면 이동 반응이 일어나서 새로운 평형 상태가 된다는 것이다. 예를 들어 압력을 높이면 압력을 낮추는 방향으로 향하고, 온도를 높이면 온도를 낮추는 방향으로 변하며, 농도를 높이면 농도를 낮추는 방향으로 이동한다는 것이다.

또한 1887년에 독일의 물리학자인 카를 브라운도 이 법칙을 독자적으로 발견했기 때문에 이는 '르 샤틀리에-브라운의 원리'라고 부르기도 한다.

평형이 되면 반응이 멈춘다

무색의 사산화 이질소N_2O_4가 분해되어 적갈색의 이산화 질소NO_2가 되는 반응을 살펴보자. 이 반응은 어떤 방향으로도 반응하는 가역 반응이며, 식으로 나타내면 다음과 같다.

$$N_2O_4 \rightleftarrows 2NO_2$$

또한 이 가역 반응은 다음과 같은 열화학 방정식으로 나타낼 수 있다.

$N_2O_4 = 2NO_2 - 57kJ$

사산화 이질소와 이산화 질소가 평형 상태에 있을 때 열을 가하면 흡열 반응이 일어나 NO_2의 농도가 상승하면서 적갈색으로 보이게 된다. 반대로 냉각하면 발열 반응이 일어나 사산화 이질소의 농도가 상승하면서 색이 옅어진다.

이처럼 물질은 온도를 높이면 온도가 하락하는 방향을, 온도를 낮추면 온도가 상승하는 방향을 향해서 새로운 평형 상태로 이행하며, 다시 평형 상태가 되면 반응이 멈춘다는 것을 알 수 있다.

105
물리

연속 방정식

Equation of continuity

먼 곳까지 물을 뿌리는 방법

그림 1

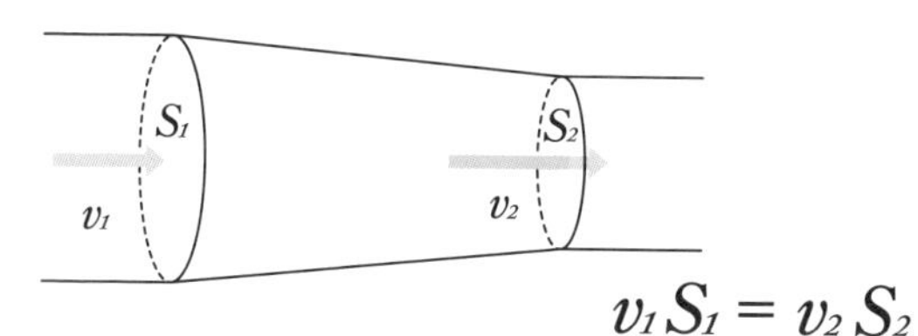

$$v_1 S_1 = v_2 S_2$$

(v : 유속 S : 단면적)

그림 2

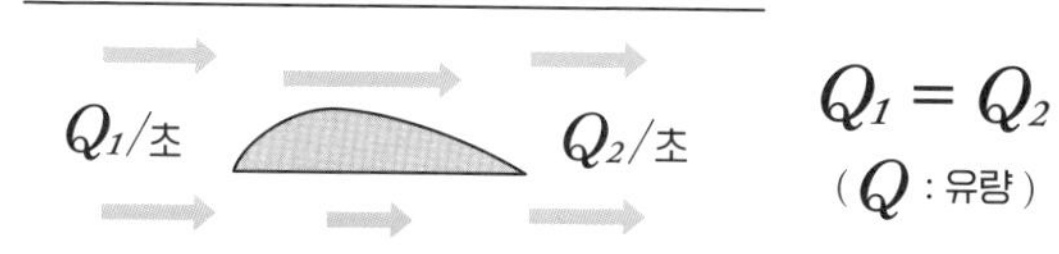

$$Q_1 = Q_2$$

(Q : 유량)

정의	비압축성 유체의 경우, 유관 속을 흐르는 유량은 단면적이 변해도 일정하다.
수식	$v_1 S_1 = v_2 S_2$ v : 유속 S : 단면적

수도꼭지에 비닐 호스를 연결해서 정원에 물을 뿌릴 때, 멀리까지 뿌리려면 어떻게 해야 할까? 먼저 첫 번째 방법은 호스를 45도 각도로 향하게 하여 손에 쥐는 것이고, 두 번째 방법은 호스의 끝을 손가락을 눌러서 물이 나오는 구멍을 좁히는 것이다. 물이 나오는 구멍을 좁히면 물의 기세가 강해져서 더 멀리까지 날아간다.

그 이유는 관의 단면적이 바뀌어도 유량은 바뀌지 않기 때문으로, 단면적이 작아지면 유속은 빨라지고, 반대로 단면적이 커지면 유속은 느려진다. 호스의 끝을 누르면 물이 더 멀리까지 가는 이유는 단면적이 작아짐에 따라 유속이 빨라졌기 때문이다. 이는 강의 흐름을 봐도 알 수 있다. 강의 폭이 좁은 곳에서는 강물이 빠르게 흐르지만 폭이 넓은 곳에서는 강물이 천천히 흐른다.

이를 식으로 나타내면 $v_1S_1=v_2S_2$가 된다. v는 유속, S는 단면적이다. 이것을 연속 방정식이라고 한다. 가령 유속이 1m/s이고 단면적이 $10m^2$일 때, 단면적을 절반인 $5m^2$로 만들면 유속은 2배인 2m/s가 된다.

유체 속에 물체를 놓아보자

유체 속에 물체를 놓았을 때, 유체가 비압축성(점성이 없는 완전 액체)이라면 연속방정식이 성립한다. 일단 물을 생각해보자. 물이 흐르는 관 속에 어떤 물체를 놓는다. 그러면 그 물체 때문에 물이 흐를 수 있는 공간이 좁아지므로 유속은 빨라진다.

그림2와 같이 관 속에 어떤 날개가 있다고 가정해보자. 이 날개가 있는 장소에서는 단면적이 좁아지기 때문에 유속이 빨라진다. 특히 크게 부풀어 오른 윗면 주변의 유속이 더욱 빨라진다. 이것은 액체와 기체를 불문하고 모든 유체에 적용된다. 그러므로 연속 방정식은 유체역학의 질량 보존의 법칙이라 할 수 있다.

색인

[다 행]

[라 행]

[마 행]

[바 행]

[사 행]

[아 행]

[차 행]

[카 행]

[타 행]

[파 행]

[하 행]

[작품]

참고문헌

『고등학교 물리 I · II』, 산세이도

『고등학교 화학 I』, 제일학습사

『고등학교 생물 I』, 『고등학교 화학 II』, 게이린칸

『고등학교 수학 ABC II』, 갓켄출판

『이과 연표』, 마루젠

『이와나미 과학 사전』, 이와나미서점

아와타 겐조, 고자이 요시시게, 『이와나미 철학 소사전』, 이와나미서점

미야기 오토야, 『이와나미 심리학 소사전』, 이와나미서점

소토바야시 다이사쿠 외, 『세이신 심리학 사전』, 세이신서방

이카와 도모요시, 『생물학 소사전 제4판』, 산세이도

마이클 테인, 마이클 히크만, 『현대 생물학 사전』, 고단사

『헤이본사 세계 대백과사전』, 히타치 시스템 앤드 서비스

스즈키 다다스, 『화학과 물리의 기본 법칙』, 이와나미 주니어 신서

고야마 게이타, 『과학사 연표』, 주오코론사

히라타 유타카, 『정리 · 법칙을 남긴 사람들』, 이와나미 주니어 신서

알베르트 아인슈타인, 『상대성 이론』, 이와나미 문고

알베르트 아인슈타인, 『특수 및 일반 상대성 이론에 관하여』, 하쿠요사

이다 아키요시 외, 『기초부터 공부하는 유체 역학』, 옴사

후지이 기요시 외, 『법칙 · 공식 · 정리 잡학 사전』, 일본실업출판사

"나는 세상 사람들에게 과학은
'이 세상을 이해할 수 있는 가장 좋은 방법'이라고
가르칠 것이다 I would teach the world that science is the best way to understand the world."

— 과학자 루이스 월퍼트 Lewis Wolpert

옮긴이 김정환

건국대학교 토목공학과를 졸업하고 일본외국어전문학교 일한통번역과를 수료했다. 21세기가 시작되던 해에 우연히 서점에서 발견한 책 한 권에 흥미를 느끼고 번역의 세계를 발을 들여, 현재 번역 에이전시 엔터스코리아 출판기획 및 일본어 전문 번역가로 활동하고 있다. 경력이 쌓일수록 번역의 오묘함과 어려움을 느끼면서 항상 다음 책에서는 더 나은 번역, 자신에게 부끄럽지 않은 번역을 할 수 있도록 노력 중이다. 공대 출신의 번역가로서 공대의 특징인 논리성을 살리면서 번역에 필요한 문과의 감성을 접목하는 것이 목표다. 번역한 책으로는 『재밌어서 밤새읽는 물리 이야기』,『재밌어서 밤새 읽는 진화론 이야기』,『마흔에 다시 읽는 수학』 등이 있다.

세상의 작동 원리를 명쾌하게 설명해주는 가장 정확한 언어

세상의 모든 법칙

초판 1쇄 발행 2022년 6월 10일

지은이 시라토리 케이 **옮긴이** 김정환
펴낸이 김선준

책임편집 배윤주 **편집2팀장** 서선행 **디자인** 엄재선
마케팅 권두리, 신동빈 **홍보** 조아란, 이은정, 유채원, 권희, 유준상
경영지원 송현주, 권송이 **원서 편집** 유한회사 임팩트(후카자와 히로카즈, 후카자와 교헤이)

펴낸곳 ㈜콘텐츠그룹 포레스트 **출판등록** 2021년 4월 16일 제2021-000079호
주소 서울시 영등포구 여의대로 108 파크원타워1 28층
전화 02) 332-5855 **팩스** 070) 4170-4865
홈페이지 www.forestbooks.co.kr

ISBN 979-11-91347-84-5 (03400)